徹底攻略

PythonED 基礎試験 公式問題集

Python 3 エンジニア認定［基礎試験］問題集

株式会社ビープラウド［著］
一般社団法人 Pythonエンジニア育成推進協会［監修］
株式会社ソキウス・ジャパン［編］

インプレス

本書は、Python 3 エンジニア認定基礎試験の受験対策用の教材です。株式会社インプレスおよび著者は、本書の使用によるPython 3 エンジニア認定基礎試験への合格を一切保証しません。

本書の内容については正確な記述につとめましたが、著者、株式会社インプレスは本書の内容に基づく試験の結果にも一切責任を負いません。

本文中の製品名およびサービス名は、一般に各開発メーカーおよびサービス提供元の商標または登録商標です。なお、本文中には™、®、©は明記していません。

はじめに

Pythonは、多くの分野で利用されている人気の高いスクリプト言語のひとつです。シンプルな文法で学習しやすく、豊富なライブラリが揃っているという利点があります。

特に最近では機械学習やAIの開発やデータ分析に使われることも増えており、Pythonを使いこなす力が求められてきていると言えるでしょう。

Python 3 エンジニア認定基礎試験とは、Pythonの専門技術取得能力を正当に評価する指標を提供することにより、「認定者の雇用機会」や「認定者が所属する会社のビジネスチャンス」の拡大を図ることを目的とする試験です。一般社団法人Pythonエンジニア育成推進協会により運営・認定されています。

ベンダによらない技術者認定試験で、Pythonプログラミングに必要な基本知識が非常に広い範囲で問われます。そのため、合格を目指すには、必要な知識を効率よく習得することが近道となります。

本書はPython 3 エンジニア認定基礎試験の試験対策に即した問題集です。出題範囲である『Pythonチュートリアル 第4版』（2021年 オライリー・ジャパン刊）で学習したPython初級～中級の方を対象にしています。

執筆にあたっては、Pythonの開発に携わるエンジニアの方に活用していただけるように、基本的な言語の使い方から応用的な知識まで、幅広く解説に取り入れています。また、問題を作成する際には、Python技術者として知っておいてほしい知識だけでなく、実際にPythonを利用する際におかしがちな記述ミスについても取り上げるよう、配慮しました。学習時には、問題を解くだけでなく、解説をしっかりと読み進めることで、試験範囲以上の知識を身に付けることができるはずです。

最後に、本書が試験合格への最短経路として、また、これからPythonを学習する方の第一歩として、みなさまのお役に立つことを心より願っております。

2023年2月

著者

発行に寄せて

Pythonは、ここ数年で多くの調査においてランキング1位を獲得した言語です。例えば、「ITエンジニアが学びたいプログラミング言語ランキング」（マイナビニュース 2021年2月5日）、「今一番学ばれているプログラミング言語」（オライリー・メディア 2021年）で1位。「TIOBEプログラミング言語オブ・ザ・イヤー」を2020年、2021年の2連続受賞。さらに、「未経験者におすすめのプログラミング言語」「将来性が高いプログラミング言語」（いずれもSAMURAI 2021年）などでも1位に挙げられています。

Python人気の要因は、今後大きく発展することが見込まれる分野――AI、機械学習、ビッグデータ、データ分析、ネットワークの自動化、Webなど――で、プログラミング言語として中心的に広く使われていることです。

このようにPythonが普及し始めたときに重要になるのが、Pythonエンジニアの育成と教育です。これを受けて、一般社団法人Pythonエンジニア育成推進協会は、学習到達目標になる認定試験を実施するに至りました。当協会が実施している認定試験は、Pythonの“お作法”ともいえる「Pythonic」や「The Zen of Python」に準拠して作られています。多くの方が試験合格に向けて学習することで、より読みやすく保守性が高いPythonを書けるエンジニアが増えていくと考えています。

Python 3 エンジニア認定試験は国内唯一のPython認定試験であり、ITSSの「キャリアフレームワークと認定試験・資格とのマップ」に掲載されている信頼ある試験です。

また本書は、Pythonエンジニア育成推進協会の審査に合格した公式問題集です。執筆者、監修者ともに、国内屈指のPythonエンジニアです。Pythonの学習をこれから始める方、Pythonの理解度を確かめたい方は、ぜひ本書で学習し、Python 3 エンジニア認定試験でスキルチェックをするとともに、価値ある資格を取得してください。

一般社団法人Pythonエンジニア育成推進協会
代表理事　吉政忠志

Python 3 エンジニア認定試験について

Python 3 エンジニア認定試験は、Python 3 エンジニアの技術力を上げる目的で、一般社団法人Pythonエンジニア育成推進協会が実施している試験です。

試験の評価は高く、2022年は「取得したいIT資格」（日経クロステック調べ 2022年11月）の民間IT試験の中で3位に選ばれ、年間で1万5000人が受験するまでになっています。

また、Python 3 エンジニア認定試験は、経済産業省がIT関連サービスの提供に必要な実務能力を明確化・体系化した指標であるITスキル標準（ITSS）の「キャリアフレームワークと認定試験・資格とのマップ」において、ソフトウェアディベロップメントの応用ソフトにレベル1の資格として掲載されています。

【キャリアフレームワークと認定試験・資格とのマップ Ver12】
https://www.ssug.jp/docs/req_doc-170.html
※閲覧には個人情報の登録が必要です。

● 試験区分

Python 3 エンジニア認定試験には、本書で扱う基礎試験のほか、実践試験、データ分析試験という上位試験があり、受験者の知識や技量、習得したいスキルに合わせて受験できます。

- **Python 3 エンジニア認定 基礎試験**
  Pythonプログラミングの文法基礎を問う試験。実践試験、データ分析試験のいずれを目指す場合でも、まず習得しておきたい内容を押さえた基礎となる試験

- **Python 3 エンジニア認定 実践試験**
  Pythonを実践的に使っていく上で重要な仕様やライブラリの使い方を問う試験。基礎試験の完全上位試験として、2022年11月に開始

- **Python 3 エンジニア認定 データ分析試験**
  Pythonを使ったデータ分析の基礎や方法を問う試験。基礎試験レベルのPythonの知識に基づいたデータ分析の手法などについて出題される。

Python 3 エンジニア認定基礎試験

基礎試験では主にPythonプログラミングの文法基礎が問われます（ITSSレベル1）。

制御構造ツールやデータ構造、モジュール、エラーと例外、標準ライブラリなどが出題対象になります（試験範囲は8～9ページを参照）。これからPythonを学習する人にとっては、Pythonの文法の基本を理解するうえでの指針になるはずです。

● 基礎試験の対象者

・開発言語にPythonを使っている技術者
・Pythonを活用して業務改善をしたい人、データ分析をしたい人
・これからPythonを学習したい人
・Pythonを学習中の学生など

● 取得のメリット

これからPythonを学習する人にとっては、資格取得を目標に試験範囲全般を学習することによって、次のようなメリットがあります。

・Pythonの基礎文法の知識を体系立てて習得できる
・AI、機械学習、ビッグデータ、データ分析、ネットワークの自動化、Webなどの分野で多く利用されているPythonの基礎文法を理解できる

キャリアアップを目指している人にとっては、次のような効果が期待できます。

・履歴書に取得資格を記載することで、客観的に技術力を証明できる
・資格を取得することでさらなるPython学習に関するモチベーションを維持できる

資格を取得することは学習のモチベーション維持につながるのは言うまでもないことですが、体系立った無駄のない学習の指標となることこそが、資格取得の最大のメリットといえるでしょう。

● 合格に向けて

言語を覚えたての頃はひたすらコードを書くことが重要に思えますが、偉大な先人の書いた有用なコードを読むことも勉強になります。

試験に備えた学習としては、本書の問題を解き、解説の内容を理解することで、合格レベルの実力が身に付くはずです。また、以下のサイトには模擬問題が公開されていますので、力試しに挑戦してみるとよいでしょう。

・Python 3 エンジニア認定基礎試験模擬問題
https://study.prime-strategy.co.jp/

Python 3 エンジニア認定基礎試験のロゴ

● 監修者からのアドバイス

一般社団法人Pythonエンジニア育成推進協会
顧問理事　寺田 学

初学者がPythonを学ぶ方法はさまざまありますが、主に以下のような方法が挙げられるでしょう。

- 関連書籍を読む
- 関連動画を閲覧する
- 講義を受ける
- インターネットで得た情報をまねてみる
- コーディングし、実行して試す

この中から自分に合うものを探して取り組んでみてください。一つだけではなく複数を組み合わせるのもよいでしょう。

私自身が新しいプログラミング言語やツールを学習する場合は、概要を知るために薄めの書籍や公式クイックスタートを通読します。その後すぐにコーディングして動作を確認します。ここで動作を試さないと知識が定着せず、わかったつもりでその先に進むと、実際の知識が得られないことがあります。つまり、プログラミングを学ぶ際には、手を動かしてコーディングすることが重要となります。
コーディングには実行環境が必要で、実行環境を適切に整えることができれば学習効率が格段に上がります。
まずは、自分自身で自由に使える実行環境を整えましょう。そのうえで、書籍や動画などの情報を基に自身の環境でコーディングし、実行しましょう。これが、プログラミングやPythonを理解し、さらには知識を定着させるための第一歩となります。

Pythonのすべてを知ることはほぼ不可能ですが、すべてを知らなくても自分が得た知識の中でプログラミングすることは可能です。
一方、より深いPythonの知識を持てば、コーディング効率が上がり、より良いプログラムを作ることができます。より深い知識を得るには、本書だけでなく、公式ドキュメントやより詳しい書籍を参考にする必要があります。

本書は、Python 3 エンジニア認定基礎試験の問題集です。この問題集だけではすべてのPython知識を得ることはできません。試験の主教材である『Pythonチュートリアル 第4版』とともに、本書を読みながら、コーディングして動作を確認したり改造をしたりして学習してみましょう。

まずは、Python 3 エンジニア認定基礎試験の合格を目指し、合格をゴールではなく通過点として、Pythonおよびプログラミングの世界を楽しんでください。

Python 3 エンジニア認定基礎試験の概要と出題範囲

● Python3 エンジニア認定基礎試験

・問題数　40問
・試験時間　60分
・合格ライン　正答率70％
・出題形式　選択式

● 出題範囲と本書の対応表

『Pythonチュートリアル 第4版』（2021年、オライリー・ジャパン刊）から、以下の問題数で出題されます。

【『Pythonチュートリアル 第4版』からの出題数】

『Pythonチュートリアル 第4版』の項目	出題数
1章 食欲をそそってみようか	1
2章 Pythonインタープリタの使い方	1
3章 気楽な入門編	6
4章 制御構造ツール	9
5章 データ構造	7
6章 モジュール	2
7章 入出力	1
8章 エラーと例外	4
9章 クラス	2
10章 標準ライブラリめぐり	4
11章 標準ライブラリめぐり―PartII	1
12章 仮想環境とパッケージ	1
13章 次はなに?	0
14章 対話環境での入力行編集とヒストリ置換	1
合計	40

『Pythonチュートリアル 第4版』と本書の問題数との対応は、以下のとおりです。

【『Pythonチュートリアル 第4版』と本書の問題数との対応】

項目※	本書の章ごとの問題数												
	1	2	3	4	5	6	7	8	9	10	11	12	合計
1章	1												1
2章	1										1		2
3章	4	6	6										16
4章	1			4	10								15
5章	1		3	6		10							20
6章							7						7
7章		3						7					10
8章									4				4
9章										6			6
10章											11		11
11章											1		1
12章												4	4
13章													0
14章	1												1
合計	9	9	9	10	10	10	7	7	4	6	13	4	98

※『Pythonチュートリアル 第4版』の項目（章）

- 本書は、学習補助のための模擬問題とその解説となっています。受験のための学習においては、主教材である『Pythonチュートリアル 第4版』を参照してください。
- 本書は、試験の全問題および全出題パターンを網羅しているわけではありません。試験内容は非公開であり、予告なく変更される可能性があります。受験前には必ず公式Webサイトを確認してください。

Python環境の構築

Python環境の構築については、下記の「Python学習チャンネル by PyQ」のページを参照してください。PyQはPythonのオンライン学習サービスで、本書の著者の所属会社である株式会社ビープラウドが運営しています。

- Windows：https://blog.pyq.jp/entry/python_install_220831_win
- macOS　：https://blog.pyq.jp/entry/python_install_220831_mac

※オンライン学習サービス「PyQ」は、Pythonエンジニア育成推進協会が推奨する参考教材です。

受験申し込み方法

Python 3 エンジニア認定基礎試験は、株式会社オデッセイコミュニケーションズの試験会場で随時受験することができます。

● 株式会社オデッセイコミュニケーションズ

URL　https://cbt.odyssey-com.co.jp/pythonic-exam.html

TEL　Odyssey CBT専用窓口：03-5293-5661（平日10:00〜17:30）

※申し込みにはOdyssey IDを取得する必要があります。

● 受験料金：1万円＋税

対象となる学生と教員は、学割価格（5,000円＋税）で受験することができます。詳細は、公式Webサイトを参照してください。

Python 3 エンジニア認定試験の問い合わせ先

● Pythonエンジニア育成推進協会

- 公式Webサイト　https://www.pythonic-exam.com/
- 公式Twitter　@pythonic_exam
- 公式Facebook　https://www.facebook.com/pythonicexam/
- 公式YouTube　https://www.youtube.com/@pythoned

● Python 3 エンジニア認定基礎試験の公式サイト

以下のサイトの「お問い合わせ」からお問い合わせください。

URL　https://www.pythonic-exam.com/exam/basic

本書の構成

本書はカテゴリ別に分類された、問題と解答で構成されています。

● 問題

本書の問題は、Python 3 エンジニア認定基礎試験合格に必要な知識を効果的に学習することを目的に作成したものです。解答していくだけで、合格レベルの実力が身に付きます。

「誤っているものを選択」する問題も織り交ぜています。
問題文をよく読んで、主旨に合った解答を選択します。

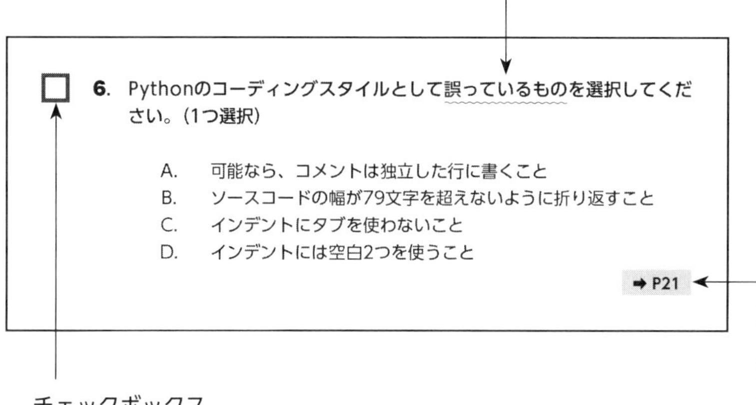

6. Pythonのコーディングスタイルとして誤っているものを選択してください。(1つ選択)
A. 可能なら、コメントは独立した行に書くこと
B. ソースコードの幅が79文字を超えないように折り返すこと
C. インデントにタブを使わないこと
D. インデントには空白2つを使うこと
➡ P21

チェックボックス

確実に理解している問題のチェックボックスを塗り潰しながら問題を進めれば、2回目からは、不確かな問題だけを、効率的に解くことができます。すべてのチェックボックスが塗り潰されれば、合格は目前です。

解答ページ

問題の右下に、解答ページが表示されています。ランダムに問題を解くときも、解答ページ探しに手間取ることがありません。

● 解答

解答には、問題の正解やその理由だけでなく、用語や重要事項などが詳しく解説されています。

解説（用語）

重要な用語は、太字で表記されています。

問題ページ

問題文を参照したいときに便利です。

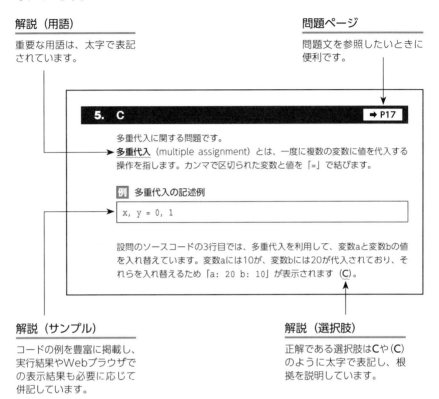

5.　C　➡ P17

多重代入に関する問題です。

多重代入（multiple assignment）とは、一度に複数の変数に値を代入する操作を指します。カンマで区切られた変数と値を「=」で結びます。

例　多重代入の記述例

```
x, y = 0, 1
```

設問のソースコードの3行目では、多重代入を利用して、変数aと変数bの値を入れ替えています。変数aには10が、変数bには20が代入されており、それらを入れ替えるため「a: 20 b: 10」が表示されます（**C**）。

解説（サンプル）

コードの例を豊富に掲載し、実行結果やWebブラウザでの表示結果も必要に応じて併記しています。

解説（選択肢）

正解である選択肢は**C**や（**C**）のように太字で表記し、根拠を説明しています。

本文中で使用するマーク

解答ページには、以下のマークで重要事項や参考情報を示しています。

	試験対策のために理解しておかなければいけないことや、覚えておかなければいけない重要事項を示しています。		試験対策とは直接関係はありませんが、知っておくと有益な情報や補足情報を示しています。

※ 本書に記載されている情報は2023年2月時点のものです。
試験内容やURLは変更になる可能性があります。

目次

第1章 Pythonの特徴

■ Pythonの概要

■ 対話モード

■ Pythonの記述法

☐ **1.** Pythonの特徴として正しいものを選択してください。(1つ選択)

A. コンパイルが不要な言語である
B. 文のグルーピングでは、グループの開始と終了に括弧を用いる
C. Pythonという名前はニシキヘビの英名が由来である
D. 他のプログラミング言語で書かれたプログラムによる機能拡張には対応していない

➡ P19

☐ **2.** 対話モードの特徴として正しいものを選択してください。(1つ選択)

A. 行を継続すると正しいインデントが提示される
B. 一次プロンプトは「>>」である
C. 二次プロンプトは「=>」である
D. プロンプトは、バージョン番号やヘルプコマンドなどの後に表示される

➡ P19

☐ **3.** Pythonのソースコードをエンコードするデフォルトの文字コードとして正しいものを選択してください。(1つ選択)

A. Shift_JIS
B. UTF-8
C. Windows-1252
D. UTF-16

➡ P20

☐ **4.** 次のコードを実行した結果として正しいものを選択してください。（1つ選択）

```
x = 42
if x == 0:
    print("xはゼロ")
elif x > 1:
    print("xは1より大きい整数")
elif x > 10:
    print("xは10より大きい整数")
elif x < 50:
    print("xは50未満の整数")
```

A. xはゼロ
B. xは1より大きい整数
C. xは10より大きい整数
D. xは50未満の整数

➡ P21

☐ **5.** 次のコードを実行した結果として正しいものを選択してください。（1つ選択）

```
a = 10
b = 20
a, b = b, a
print("a:", a, "b:", b)
```

A. `a: 10  b: 20`
B. `a: 10  b: 10`
C. `a: 20  b: 10`
D. `a: 20  b: 20`

➡ P21

☐ **6.** Pythonのコーディングスタイルとして誤っているものを選択してください。(1つ選択)

A. 可能なら、コメントは独立した行に書くこと
B. ソースコードの幅が79文字を超えないように折り返すこと
C. インデントにタブを使わないこと
D. インデントには空白2つを使うこと

➡ P21

☐ **7.** 文字列を記述する方法として誤っているものを選択してください。(1つ選択)

A. `"spam eggs"`
B. `"""spam eggs"""`
C. `"spam eggs'`
D. `'spam eggs'`

➡ P22

☐ **8.** コメントを記述する方法として正しいものを選択してください。(1つ選択)

A. `# spam eggs`
B. `// spam eggs`
C. `/* spam eggs */`
D. `<!-- spam eggs -->`

➡ P23

☐ **9.** 対話モードでの入力履歴はファイルに保存されます。このファイルの名称として正しいものを選択してください。(1つ選択)

A. .command_history
B. .python_log
C. .python_history
D. .command_log

➡ P23

第1章　Pythonの特徴
解　答

1. A

➡ P16

Pythonの特徴に関する問題です。
Pythonはコンパイルが不要な言語です（**A**）。**コンパイル**とは、ソースコードの実行前に行われるコンピュータへの命令（機械語）への変換を指します。
コンパイルが必要な言語には、C言語などがあります。
Pythonでは、実行時にソースコードをコンピュータが実行できる形式へと逐次解釈しながら処理を進めます。このような言語を、**インタープリタ**と呼びます。

Pythonでは、if文などの制御構造あるいは関数のような処理のまとまり（ブロック構造）を表すとき、括弧ではなくインデントを用います（B）。
Pythonという名前の由来はニシキヘビではなく、英国BBCのテレビ番組『Monty Python's Flying Circus』にあります（C）。
Pythonは、他のプログラミング言語で書かれたプログラムを使って機能拡張できます（D）。機能拡張ではC言語などが使われます。

Pythonのプログラミング言語としての特徴を覚えておきましょう。

2. D

➡ P16

対話モードの特徴に関する問題です。
対話モードでは、入力したプログラムが逐次実行されます。電卓としての用途や簡単なプログラムの動作を確認する際に役立ちます。
対話モードを起動するには、WindowsではコマンドプロンプトあるいはPowerShellで「`python`」と入力します。macOSではTerminal.appで「`python3`」と入力します。

対話モードを起動すると、バージョン番号に続いて、ヘルプおよび著作権情報などを確認するためのコマンドが表示されます。その後に一次プロンプト「`>>>`」が表示されます（B、**D**）。複数行の構文を入力するときは、二次プロンプト「`...`」が表示されます（C）。

対話モードの中でif文やfor文を使うと二次プロンプトが表示されます。このとき、インデントは自動で挿入されないことを覚えておきましょう（A）。

【対話モード起動時の表示例（Linuxの場合）】

```
Python 3.10.9 (main, Jan 23 2023, 22:32:48) [GCC 10.2.1] on linux      ←①
Type "help", "copyright", "credits" or "license" for more information. ←②
>>> ←③
```

①バージョン番号
②ヘルプ、著作権情報などを表示するためのコマンド
③一次プロンプト

対話モードを終了するには、quit()を実行します。

Windows環境では、Pythonが環境変数PATHに設定されていないと対話モードが起動しません。Pythonをインストールする際に「Add Python 3.x to PATH」にチェックを入れることで設定できます。
対話モードが起動しない場合はPythonの再インストールを行うとよいでしょう。

3. B

➡P16

ソースコードファイルの文字コードに関する問題です。
Pythonのソースコードファイルは、デフォルトではUTF-8でエンコードされたものとして扱われます（B）。
UTF-8以外の文字コードを使用するには、プログラムの先頭に以下のような特別なコメントを追加します。

書式 文字コードを指定する

```
# -*- coding: 文字コード -*-
```

たとえば、Shift_JISを使用する場合は、次のように指定します。

例 Shift_JISを指定する

```
# -*- coding: Shift_JIS -*-
```

4. B

➡ P17

if文の条件評価に関する問題です。
設問では、2番目、3番目、4番目の条件が、変数xに代入されている値に当てはまります。条件分岐は上から順番に評価されるため、2番目の「`elif x > 1`」に書かれた処理が実行されます。そのため、「`xは1より大きい整数`」が正しい実行結果になります（**B**）。

if文は、条件分岐と呼ばれるプログラミング言語の制御構文の中でも代表的な構文で、変数の値に応じて異なる処理を実行できます。Pythonのif文は「if...elif...elif...」の連なりを利用することで、他のプログラミング言語におけるswitch文やcase文の役割も担えます。

5. C

➡ P17

多重代入に関する問題です。
多重代入（multiple assignment）とは、一度に複数の変数に値を代入する操作を指します。カンマで区切られた変数と値を「=」で結びます。

例 多重代入の記述例

```
x, y = 0, 1
```

設問のソースコードの3行目では、多重代入を利用して、変数aと変数bの値を入れ替えています。変数aには10が、変数bには20が代入されており、それらを入れ替えるため「`a: 20 b: 10`」が表示されます（**C**）。

6. D

➡ P18

Pythonのコーディングスタイルに関する問題です。
Pythonには、推奨されるコーディング上の規則を示したガイドラインが用意されています。
このガイドラインでは、可能であればコメントは独立した行に書くこと（A）、また、ソースコードの幅が79文字を超えないように折り返すこと（B）などが推奨されています。
インデントについては、タブを使わないことが推奨されています（C）。タブではなく空白4つを使用します（**D**）。

Pythonがプログラミング言語として推奨しているスタイルガイドは、通称「PEP 8」と呼ばれます。Pythonをより良くする提案であるPEP（Python Enhancement Proposals）の8番目であることが名前の由来です。
多くの開発プロジェクトでは、PEP 8に沿ったコーディング規約を採用しています。

- PEP 8 英語版ドキュメント（公式）
  https://peps.python.org/pep-0008/
- PEP 8 日本語版ドキュメント
  https://pep8-ja.readthedocs.io/ja/latest/

7. C

➡ P18

文字列の記述に関する問題です。
Pythonでの文字列の記述には、シングルクォート「'」もしくはダブルクォート「"」を使います（D、A）。トリプルクォートの「'''」および「"""」は、関数やクラスの説明（docstring）を書く際に使用します（B）。
文字列の記述では、先頭および末尾の記号が一致している必要があります。ダブルクォートで開始してシングルクォートで終了することはできません（C）。

【文字列の記述】

正しい例	間違った例
'Python' "Python" """Python""" '''Python'''	"Python' 'Python" """Python''' '''Python"""

8. A

➡ P18

コメントの記述方法に関する問題です。
少し複雑な処理を書いたりするときには、ソースコードに「なぜこのような処理にしたか」などの記録をコメントとして残しておくとよいでしょう。
コメントの記述方法は、プログラミング言語によって異なりますが、Pythonにおけるコメントは、ハッシュ文字（#）で始まります（**A**）。

「//」は、C++やJavaScript、Rustで単一行のコメントを記述するときに使われます（B）。「/*　*/」は、C言語やJavaScript、Rustで単一行および複数行のコメントを記述するときに使われます（C）。「<!--　-->」は、HTMLでのコメントの記述方法で、単一行のコメントにも複数行のコメントにも対応しています（D）。

9. C

➡ P18

Pythonが自動的に作成するファイルに関する問題です。
対話モードでの入力履歴は、デフォルトでは**.python_history**という名称で保存されます（**C**）。
このファイルは設定を変更しない限り、ユーザーディレクトリに配置されます。ユーザーディレクトリとは、macOSやWindowsにおいて`/Users/`**ユーザーアカウント名**を指します。
この`.python_history`の内容は、対話モードでカーソルキーの上下を押すことによって入力履歴として表示されます。

【入力履歴の例】

```
>>> pri
    ⬇ 途中まで入力して[↑]または[↓]キーを押す
>>> print(
```

また、対話モードでは[Tab]キーを押すことにより、補完機能を呼び出すことができます。補完機能によって、Pythonのキーワードやグローバル変数、使用可能なモジュール名の検索ができます。

Windows環境では入力履歴や補完機能の実装がmacOS環境、Linux環境と異なります。そのため、補完機能が標準では使用できないなど、動作が異なることがあります。

第2章

テキストと数の操作

- 算術演算
- 文字列の結合／改行
- 文字列のスライス
- 数字／文字列の書式指定

□ **1.** 次のコードを実行した結果として正しいものを選択してください。（1つ選択）

```
x = 100 - 5**2 + 5 / 5
print(x)
```

A. 16.0
B. -25
C. 76.0
D. 76

➡ P31

□ **2.** 次のコードを実行した結果として正しいものを選択してください。（1つ選択）

```
text = (
    "Usage: "
    "-h help"
    "-v version"
)
print(text)
```

A. `"Usage: ""-h help""-v version"`
B. `Usage: -h help -v version`
C. `("Usage:""-h help""-v version")`
D. `"Usage: -h help -v version"`

➡ P31

☐ **3.** 次のコードを実行した結果として正しいものを選択してください。
（1つ選択）

```
text = """spam
ham
eggs
"""
print(text)
```

A. `spam\nham\neggs`
B. `"""spamhameggs"""`
C. `spamhameggs`
D. `spam`
`ham`
`eggs`

➡ P32

☐ **4.** 文字列の長さを返すコードとして正しいものを選択してください。
（1つ選択）

A. `"abc".length`
B. `length("abc")`
C. `strlen("abc")`
D. `len("abc")`

➡ P32

□ **5.** 次のコードを実行した結果として正しいものを選択してください。（1つ選択）

```
word = "abcdefg"
sliced_word = word[2:5]
print(sliced_word)
```

A. cde
B. bcd
C. bcde
D. cdef
E. cdefg

➡ P32

□ **6.** 次のコードを実行した結果として正しいものを選択してください。（1つ選択）

```
word = "abcdefg"
sliced_word = word[-5:]
print(sliced_word)
```

A. abc
B. cdefg
C. bcdef
D. defg

➡ P33

☐ **7.** 次のコードを実行した結果として正しいものを選択してください。ただし、選択肢にあるアンダースコア（_）は、空白を示すものとします。(1つ選択)

```
price = 15000
print(f"価格:{price:7d}")
```

A.　価格:1500000
B.　価格:15000__
C.　価格:__15000
D.　価格:0015000

➡ P33

☐ **8.** 以下のコードを実行して「πの値はおよそ3.14159である」と表示する場合、空欄①に当てはまる記述として正しいものを選択してください。(1つ選択)

```
import math

print(f"πの値はおよそ{ ① }である")
```

A.　`math.pi:.5f`
B.　`math.pi:5`
C.　`math.pi:5f`
D.　`math.pi:.5`

➡ P34

☐ **9.** 次のコードの中から「spam: 300, ham: 150, eggs: 200」を表示するための記述として誤っているものを選択してください。（1つ選択）

A.

```
x = 300
y = 150
z = 200
print("spam: {0}, ham: {1}, eggs: {2}".format(x, y, z))
```

B.

```
x = 300
y = 150
z = 200
print("spam: {x}, ham: {y}, eggs: {z}".format(x, y, z))
```

C.

```
x = 300
y = 150
z = 200
print("spam: {}, ham: {}, eggs: {}".format(x, y, z))
```

D.

```
x = 300
y = 150
z = 200
print("spam: {a}, ham: {b}, eggs: {c}".format(a=x, b=y, c=z))
```

➡ P35

第2章　テキストと数の操作
解　答

1.　C

➡ P26

算術演算の順序に関する問題です。
Pythonでの**算術演算子**の優先順位は、べき乗、乗算／除算、加算／減算の順になります。

【主な演算子の優先順位】

順位	演算子	意味
1	**	べき乗
2	*、/	乗算および除算
3	+、-	加算および減算

したがって、設問のコードでは、最初に5**2を計算します。次に5/5を計算しますが、/を使うと計算結果が浮動小数点数になるため、5/5は1.0になります。以上から、式全体は「100-25+1.0」となり、実行結果は76.0になります（C）。

算術演算子の優先順位に加えて、除算の結果は浮動小数点数になることを覚えておきましょう。

2.　B

➡ P26

文字列リテラルの連結に関する問題です。
文字列リテラルとは、シングルクォートあるいはダブルクォートで囲まれた値を指します。Pythonで文字列を扱う場合は、必ずこの形式で記述します。

文字列リテラルは列挙することで、自動的に結合されます。複数行で記述する場合は、()で囲んで、改行しながら列挙します。
設問のコードでは、改行したすべての文字列が結合されます。このとき、文字列を囲む引用符は、`print()`関数で出力されないため、実行結果は「`Usage: -h help -v version`」になります（B）。
()で囲んだ文字列リテラルの連結は、長い文字列を定義するときに便利です。

3. D

➡ P27

複数行に書かれた文字列の定義についての問題です。
Pythonの文字列中では、改行は\nで表され、1つの文字として扱われます。これを改行文字と呼びます。
トリプルクォート「"""」を使うと、リテラル中の改行が改行文字として反映されます（D）。

4. D

➡ P27

文字列の長さを返す関数についての問題です。
Pythonでは組み込みの**len()関数**を使うことで、文字列の長さを取得できます（D）。

例 len()関数による文字数の取得

```
print(len("abc"))
```

【実行結果】

```
3
```

5. A

➡ P28

文字列のスライスに関する問題です。
スライスとは、指定した範囲の文字列を切り取る操作です。切り取る範囲は、次ページの図のスライス位置のように指定します。スライス位置は、文字列の先頭を基準とした位置です。

書式 文字列のスライス操作

文字列[開始位置:終了位置]

※開始／終了位置はスライス位置で指定する

[2:5]はスライス位置で2から5の間にある文字を切り取るため、cdeとなります（A）。

【文字列のスライス位置】

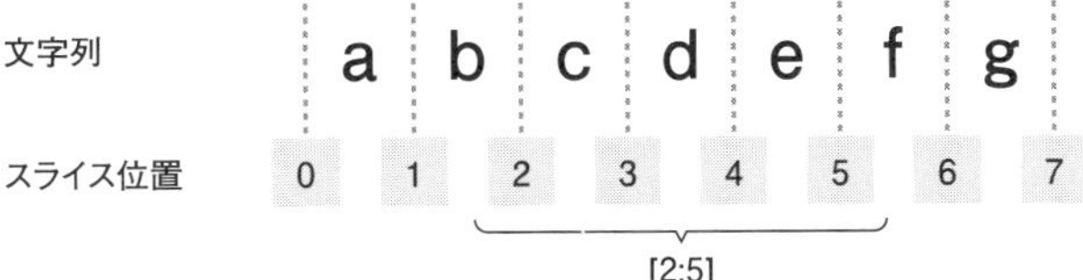

スライス位置と文字列の関係を理解しておきましょう。

6. B

➡ P28

負数で指定する文字列のスライスに関する問題です。
負数のスライス位置は、図のように数えます。[-5:]はスライス位置で「-5」以降の文字を切り取るため、cdefgとなります（B）。

【文字列のスライス位置（負数での指定）】

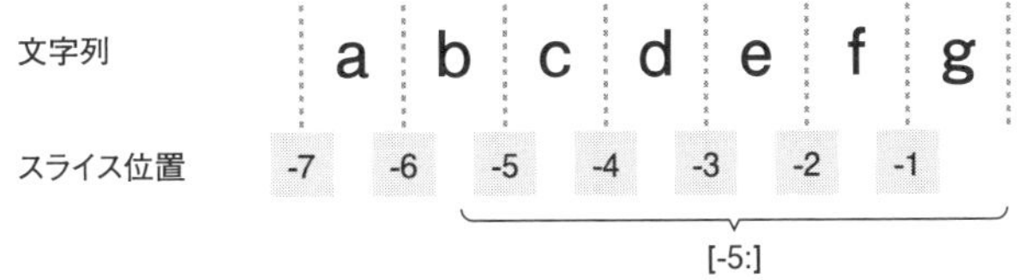

負数のスライス位置と文字列の関係を覚えておきましょう。

7. C

➡ P29

フォーマット済み文字列（f文字列）を使った整数フォーマットに関する問題です。
f文字列を使うことで、文字列の中に式の値を入れられるようになります。式の後に**フォーマット指定子**のオプションを追加することで、式の値にさまざまな書式を設定できます（問8の解説の表を参照）。

書式 f文字列による書式指定

f"文字列{値:フォーマット指定子}"

※ 値およびフォーマット指定子は文字列内に挿入できる

設問のコードでは、フォーマット指定子として7dのオプションを指定しています。7dの7は文字数の最小幅を7桁に指定することを意味し、dは数値を10進数で出力することを意味します。ここでは、右寄せ7桁幅で「 15000」が表示されます（C）。

8. A

➡ P29

f文字列とフォーマット指定子を使った値のフォーマットに関する問題です。設問では、π（円周率）の値をmath.piで求めています。表示するπの桁数は「3.14159」とあるため、小数第5位で丸める必要があります。
フォーマット指定子によるオプションでは、小数のフォーマットを用いて桁数を指定できます。指定子の.5fの.5は小数第5位で丸めて表示することを意味し、fは数値を与えられた精度まで10進数で出力することを意味します。以上のことから、math.pi:.5fが正解です（A）。

試験対策

主なフォーマット指定子を覚えておきましょう。

フォーマット指定子	意味
b	値を2進数で出力する
d	値を10進数で出力する
x	値を16進数で出力する
f	値を与えられた精度までの小数で出力する（例：.5fで小数第5位で丸める）
%	値を100倍し、パーセント記号が付いた形式で出力する

9.　B

➡ P30

format()メソッドを使った文字列のフォーマットに関する問題です。

format()メソッドは、文字列の詳細なフォーマットを行うメソッドです。処理の対象は、{ }で区切られた書式（フォーマットフィールド）を含む文字列になります。

書式 format()メソッドの記述法

```
"文字列{Field1}{Field2}{Field3}...".format(値1, 値2, 値3 ...)
```

・Field …… フォーマットフィールド

※Fieldは文字列内に挿入できる

フォーマットフィールドの記述方法には、次の3種類があります。

方法①フォーマットフィールドに引数のインデックスを記述する（A）

```
"spam: {0}, ham: {1}, eggs: {2}".format(x, y, z)
```

引数のインデックスをフォーマットフィールドに記述することで、該当する値を文字列に埋め込めます。

方法②空のフォーマットフィールドを使う（C）

```
"spam: {}, ham: {}, eggs: {}".format(x, y, z)
```

引数のインデックスは省略できます。その場合は引数の値が順番に応じて埋め込まれます。

方法③フォーマットフィールドにキーワード引数の名前を記述する（D）

```
"spam: {a}, ham: {b}, eggs: {c}".format(a=x, b=y, c=z)
```

format()メソッドの引数をキーワード引数として与えた場合、フォーマットフィールドにはキーワード引数の名前を記述します。

ただし、フォーマットフィールドには、format()メソッドに与えた引数の変数名は直接記述できません(**B**)。この記述をした場合、KeyErrorが発生します。

例 KeyErrorになる記述例

```
"spam: {x}, ham: {y}, eggs: {z}".format(x, y, z)
```

問7で扱ったフォーマット指定子は、format()メソッドのフォーマットフィールドでも使えます。以下の例では、整数3桁のゼロ埋めを行う「03d」を指定しています。

例 整数3桁のゼロ埋めにする

```
print("spam: {:03d}, ham: {:03d}, eggs: {:03d}".format(1, 2, 3))
```

【出力結果】

```
spam: 001, ham: 002, eggs: 003
```

第3章

リストの操作

- リスト
- スライス処理
- リストの要素
- 入れ子（ネスト）
- スタック／キュー処理
- リスト内包

□ **1.** リストの特徴として誤っているものを選択してください。(1つ選択)

A. 角括弧内にカンマ区切りで記述する
B. インデックスを指定して参照と更新ができる
C. 先頭の要素は、インデックスに1を指定する
D. 末尾の要素は、インデックスに-1を指定する

➡ P42

□ **2.** 次のコードを実行した結果として正しいものを選択してください。(1つ選択)

```
data = [1, 2, 3, 4]
print(data[:2], data[3:])
```

A. [1, 2] [3]
B. [1, 2] [4]
C. [1, 2] [3, 4]
D. [1, 2, 3] [4]

➡ P42

□ **3.** 次のコードを実行した結果[1, 2, 3]が表示されるとき、空欄①に入る記述として正しいものを選択してください。(1つ選択)

```
data = [1, 2]
[ ① ]
print(data)
```

A. data += 3
B. data.add(3)
C. data.append(3)
D. data.push(3)

➡ P43

□ **4.** リストが代入されている変数`data`の長さを求める記述として正しいものを選択してください。（1つ選択）

A. `count(data)`
B. `len(data)`
C. `length(data)`
D. `data.length`

➡ P44

□ **5.** リストの要素に関する記述として誤っているものを選択してください。（1つ選択）

A. `[[1, 2], [3, 4]]`をリストの入れ子という
B. `[[1, 2, 3, 4]]`の長さは4である
C. `[[1, 2], [3, 4]]`の長さは2である
D. `[[1, 2], [3, 4, 5]]`のように、異なる長さのリストを要素にできる

➡ P44

□ **6.** 次のコードを実行した結果「1　4」が表示されるとき、空欄①に入る記述として正しいものを選択してください。（1つ選択）

```
data = [[1, 2], [3, 4]]
print( ① )
```

A. `data[0][0], data[1][1]`
B. `data[0][1], data[1][0]`
C. `data[1][0], data[0][1]`
D. `data[1][1], data[0][0]`

➡ P45

☐ **7.** 次のコードを実行した結果[4, 3, 2, 1]が表示されるとき、空欄①に入る記述として正しいものを選択してください。(1つ選択)

```
stack = [1, 2, 3, 4]
data = []
while stack:
    [   ①   ]
print(data)
```

A. data.append(stack.pop())
B. stack.append(data.pop())
C. data.append(stack.pop(0))
D. stack.append(data.pop(0))

➡ P46

☐ **8.** 次のコードを実行した結果[2, 3]が表示されるとき、空欄①、②に当てはまる記述の組み合わせとして正しいものを選択してください。(1つ選択)

```
data = [1, 2]
[   ①   ]
[   ②   ]
print(data)
```

A. ① data.append(3)　② data.pop()
B. ① data.append(3)　② data.pop(0)
C. ① data.append(3)　② data.pop(1)
D. ① data.pop()　② data.append(2)

➡ P47

□ **9.** 次のコードと同じ表示結果を出力する記述として正しいものを選択してください。(1つ選択)

```
data = []
for i in [1, 2, 3]:
    for j in [1, 2]:
        if i != j:
            data.append((i, j))
print(data)
```

A. `print([(i, j) for i in [1, 2, 3] for j in [1, 2] if i != j])`

B. `print([(j, i) for i in [1, 2, 3] for j in [1, 2] if i != j])`

C. `print([(i, j) for j in [1, 2] for i in [1, 2, 3] if i != j])`

D. `print([(j, i) for j in [1, 2] for i in [1, 2, 3] if i != j])`

➡ P48

第3章　リストの操作
解　答

1.　C

➡ P38

リストに関する問題です。
リストは、Pythonで複数の値を扱うための基本的なデータ構造です。扱えるデータの種類は、整数、浮動小数点数、文字列などです。

【リストの構造】

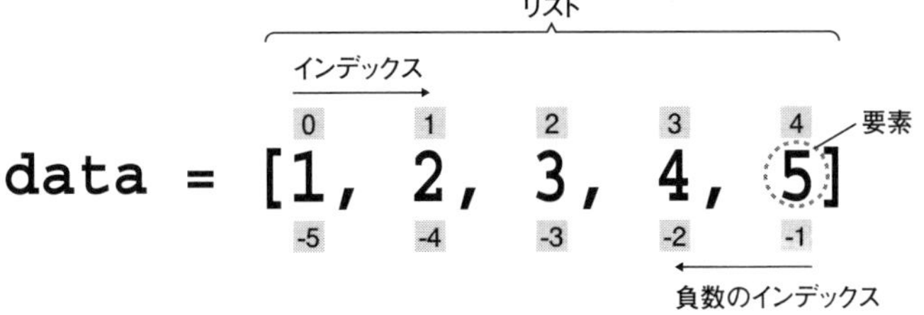

リストは、角括弧「[ ]」とカンマ「,」を使って記述します（A）。
文字列と同じくインデックスで要素を参照できます。文字列とは異なりインデックスで更新することも可能です（B）。
先頭のインデックスは0を使用します（C）。末尾のインデックスは「要素数-1」ですが、-1も末尾のインデックスとして使用できます（D）。

リストの書き方やインデックスの使い方を覚えておきましょう。
- 複数の値をまとめて扱える
- 角括弧とカンマを使って記述する
- インデックスで要素の参照と更新ができる
- 先頭のインデックスは0に、末尾のインデックスは-1になる

2.　B

➡ P38

リストのスライスに関する問題です。
リストのスライス範囲は、「**開始位置:終了位置**」のように記述します。**開始位置**を省略すると先頭からになり、**終了位置**を省略すると末尾までになります。

【リストのスライス操作】

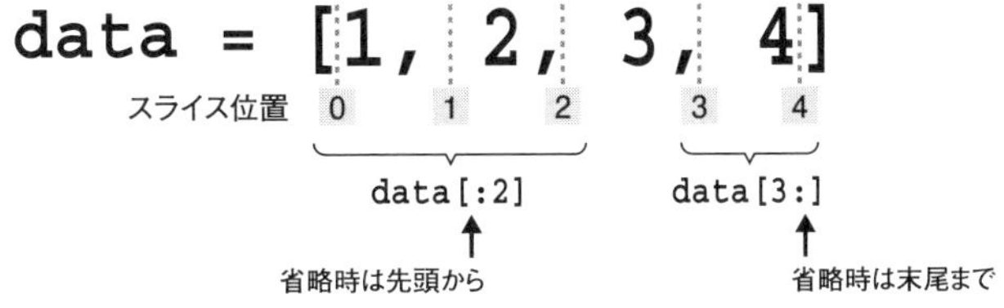

print(data[:2], data[3:])では、リストの要素を参照して、data[:2]とdata[3:]の要素を出力します。data[:2]は、図のように範囲を切り取るため[1, 2]になります。data[3:]は図のように切り取るため[4]になります。以上のことから、[1, 2] [4]と出力されます（B）。

3. C

➡ P38

リストへの要素の追加に関する問題です。
リストの末尾に値を追加するには、**append()メソッド**を使います。

書式 リストに要素を追加する①
リスト名.append(値)

設問のリストに「3」を追加するには、data.append(3)と記述します（C）。
このようにドット「.」を使って書く関数を**メソッド**といいます。
リストには、addメソッドおよびpushメソッドは存在しないため、実行するとAttributeErrorになります（B、D）。AttributeErrorは、存在しないデータの名前を参照したときに発生するエラーです。

なお、下記のように記述しても、リストの要素をdataに追加できます。

書式 リストに要素を追加する②
リスト名 += [値]

例 リストに要素「3」を追加する

```
data += [3]
```

この場合、リストではない3を追加すると、TypeErrorになります（A）。

4. B

➡ P39

リストの長さに関する問題です。
リストの長さは、**len()関数**で取得できます（B）。len()関数は、オブジェクトの長さを取得する組み込みの関数です。
長さを取得できるオブジェクトには、リストのほかに文字列などがあります。リストの場合は要素の数を返し、文字列の場合は文字の数を返します（「第2章 テキストと数の操作」問4の解説を参照）。

例 リストの要素数を取得

```
data = [10, 20, 30]
print(len(data))
```

【実行結果】

```
3
```

count、lengthは組み込み関数には存在しないので、実行するとNameErrorになります（A、C）。NameErrorは、存在しない関数などを参照したときに発生するエラーです。
また、リストにはlengthという属性はありません（D）。

5. B

➡ P39

リストの入れ子に関する問題です。
リストの要素には、値だけでなく任意のオブジェクトを持つことができます。図のように、リストの要素として「別のリスト」を持つことを**入れ子**にするといいます。リストの入れ子は、**ネスト**と呼ばれることもあります。

【ネストの構造】

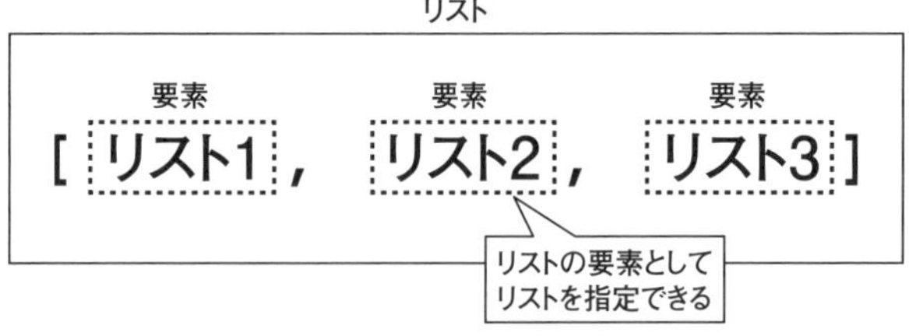

要素[1, 2]と要素[3, 4]を持つリストを作成するには、次のように記述します（A）。

例 ネストの作成①

```
[[1, 2], [3, 4]]
```

このリストの要素は2個なので、長さは2になります（C）。
リストは、任意のオブジェクトを持てるため、[[1, 2], [3, 4, 5]]のように異なる長さのリストを作成できます（D）。

例 ネストの作成②

```
[[1, 2, 3, 4]]
```

このリストの要素は1個で、その要素は[1, 2, 3, 4]です。したがって、リストの長さは1になります（B）。

6. A

➡ P39

入れ子にしたリストの要素の参照方法についての問題です。
設問のリストでは、[1, 2]と[3, 4]の2つのリストが入れ子になっています。入れ子にしたリストで特定の値を参照するには、data[0][0]のようにインデックスを2回指定します。

【リストの要素の参照（ネストの場合）】

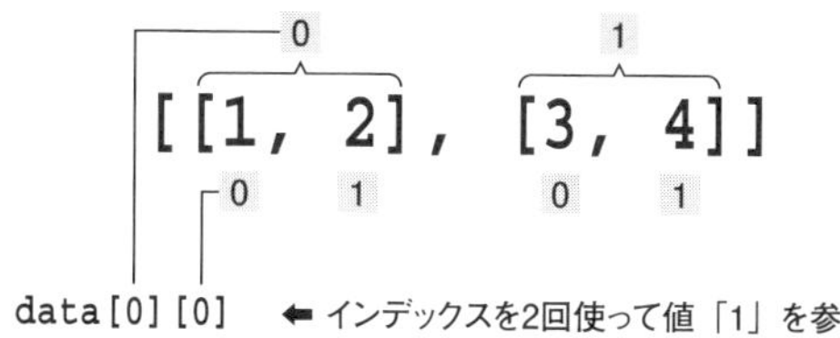

リストの参照では、先頭の要素にインデックス「0」を使用するため、先頭の[1, 2]に含まれる「1」を参照するには、[0][0]と指定します。同様に、2番目の[3, 4]に含まれる「4」を参照するには、[1][1]と指定します。
以上から、data[0][0], data[1][1]が正しい記述になります（A）。

その他の選択肢は、インデックスの指定が誤っているため、正しい実行結果を出力できません。

- data[0][1], data[1][0]の出力結果は「2 3」……（B）
- data[1][0], data[0][1]の出力結果は「3 2」……（C）
- data[1][1], data[0][0]の出力結果は「4 1」……（D）

7. A

➡ P40

リストをスタックとして使う方法についての問題です。
スタックは、複数の値を扱えるデータ構造の1つです。リストと異なるのは、「要素を挿入すると末尾に追加され、取り出すときも末尾から削除される」という点です。

リストをスタックとして扱うには、append()とpop()の2つを使用します。append(要素)で末尾に要素を追加し、pop()で末尾の要素を削除します。

設問では、stack = [1, 2, 3, 4]の末尾から要素を取り出し、その要素をdata = [ ]の末尾に挿入することで、[4, 3, 2, 1]のリストを作成しています。このような処理は、while文を使って、次のように記述できます（**A**）。

例 スタックによるデータの削除と追加

```
while stack:
    data.append(stack.pop())
```

stack.pop()はstackの最後の要素を削除し、data.append(...)はその要素をdataの最後に追加します。これを4回実行するとstackが空になり、while文を抜けて終了し、dataは[4, 3, 2, 1]になります。

【設問のコードの処理】

while文	stack	data
(初期状態)	[1, 2, 3, **4**]	[]
1回目	[1, 2, 3]	[**4**]
2回目	[1, 2]	[4, 3]
3回目	[1]	[4, 3, 2]
4回目	[]	[4, 3, 2, 1]

選択肢C、Dにあるpop(0)は、先頭の要素を削除して返すため、これはスタックとしての操作ではありません。data.append(stack.pop(0))はstackの先頭から削除していくので、dataは[1, 2, 3, 4]になります（C）。
また、最初dataは空なので、その状態でdata.pop()やdata.pop(0)を実行するとIndexErrorになります（B、D）。IndexErrorは、要素が存在しないインデックスを指定したときに発生するエラーです。

スタックのようなデータ構造を「後入れ先出し方式（last-in, first-out)」といいます。単語の頭文字を取って、LIFOと表記することもあります。

8. B

➡ P40

リストをキューとして使う方法についての問題です。

キューは、複数の値を扱えるデータ構造の1つです。リストと異なるのは、「要素を挿入すると末尾に追加され、取り出すときは先頭から削除される」という点です。

リストをキューとして扱うには、`append()`と`pop()`の2つを使用します。`append(要素)`で末尾に要素を追加し、`pop(0)`で先頭の要素を削除します。ここで`pop(0)`の`0`は、先頭のインデックスを指しています。

設問では`data`が`[1, 2]`の状態から`[2, 3]`に変わっているので、下記の処理を行っています。

・3を末尾に追加
・1を先頭から削除

これらの処理を行うコードは、それぞれ下記になります（B)。

・data.append(3)…… ①
・data.pop(0) ………… ②

【設問のコードの処理】

なお、上記で①と②が逆でも同じ結果になりますが、該当する選択肢はないので正解はBのみになります。

その他の選択肢の出力結果は次のとおりです。

・data.append(3)とdata.pop()後の出力結果は[1, 2] ……(A)
・data.append(3)とdata.pop(1)後の出力結果は[1, 3]……(C)
・data.pop()とdata.append(2)後の出力結果は[1, 2] ……(D)

また、実務でキューを使う場合は、より効率的な両端キュー（collections.deque）というデータ構造が使われます（詳細は「第6章 その他コレクションの操作」問1の解説を参照）。

キューのようなデータ構造を「先入れ先出し方式（first-in, first-out)」といいます。単語の頭文字を取って、FIFOと表記することもあります。

9. A

➡ P41

リスト内包に関する問題です。
リストの角括弧内で、forを使って記述したものを**リスト内包**といいます。リスト内包を使うと、for文による複合的な処理を1つの式で簡潔に書けます。

最初に、リスト内包を使わない書き方を確認しましょう。
以下のコードでは、forで式を組み立ててリストを作成しています（forについては「第4章 判定と繰り返し」問4の解説を参照）。

書式 for文でリストを作成する

```
data = []
for 変数 in リストなど:
    data.append(式)
```

例 for文でリストを作成する

```
data = []
for i in [1, 2, 3]:  ←①
    for j in [1, 2]: ←②
        if i != j:   ←③
            data.append((i, j))
print(data)
```

このリスト（data）は、リスト内包を使って次のように記述できます。forとifが、順番どおりで同じ記述になります。

書式 内包表記でリストを作成する

[式 for 変数 in リストなど]

例 内包表記でリストを作成する（A）

```
print([(i, j) for i in [1, 2, 3] for j in [1, 2] if i != j])
                        ①                ②            ③
```

リスト内包は、複数のforを書いたりifと組み合わせたりして記述できるのが特徴です。二重のリスト内包は表示が複雑に見えますが、分解して文にすると理解しやすくなるでしょう。

その他の選択肢は、設問のfor文を正しく置き換えていません。

例 選択肢Bのリスト内包

```
print([(j, i) for i in [1, 2, 3] for j in [1, 2] if i != j])
```

上記は、式（(j, i)）が違うため出力は異なります。

例 選択肢Cのリスト内包

```
print([(i, j) for j in [1, 2] for i in [1, 2, 3] if i != j])
```

上記は、2つのforの順番が逆のため出力は異なります。

例 選択肢Dのリスト内包

```
print([(j, i) for j in [1, 2] for i in [1, 2, 3] if i != j])
```

上記は、式が違い、かつ、2つのforの順番が逆のため出力は異なります。

なお、設問のコードの実行結果は以下になります。

【実行結果】

```
[(1, 2), (2, 1), (3, 1), (3, 2)]
```

第4章

判定と繰り返し

■ if文

■ 条件式

■ 演算子

■ 短絡演算子

■ 真偽判定

■ for文

■ 並べ替え

□ **1.** 次のコードを実行して期待する結果が表示されるとき、空欄①～③に入る記述の組み合わせとして正しいものを選択してください。(1つ選択)

```
for i in range(1, 7):
    if i % 2 == 0 [ ① ] i % 3 == 0:
        print(f"{i}は6の倍数です")
    elif i % 2 == 0 [ ② ] i % 3 == 0:
        print(f"{i}は2か3の倍数です")
    [ ③ ]:
        print(f"{i}は2の倍数でも3の倍数でもありません")
```

【期待する結果】

```
1は2の倍数でも3の倍数でもありません
2は2か3の倍数です
3は2か3の倍数です
4は2か3の倍数です
5は2の倍数でも3の倍数でもありません
6は6の倍数です
```

A. ① and ② or ③ not
B. ① and ② or ③ else
C. ① or ② and ③ not
D. ① or ② and ③ else

➡ P57

2. 次のコードを実行した結果として正しいものを選択してください。(1つ選択)

```
def num(value):
    return value

value1 = num(0) and num(1) and num(2)
value2 = num(0) or num(1) or num(2)
print(value1, value2)
```

A. 0 1
B. 0 2
C. True False
D. False True

➡ P58

3. 変数`value`がNoneかどうかを判定するコードとして最も適切なものを選択してください。(1つ選択)

A. `if value:`
B. `if not value:`
C. `if value is None:`
D. `if value == None:`

➡ P59

4. リストが代入されている変数`data`の繰り返しの記述の書き始めとして正しいものを選択してください。(1つ選択)

A. `for (int i: data)`
B. `for (let i in data)`
C. `for i in data do`
D. `for i in data:`

➡ P60

□ **5.** 4回繰り返される記述の書き始めとして誤っているものを選択してください。(1つ選択)

A. `for i in range(4):`
B. `for i in range(0, 4):`
C. `for i in range(1, 4):`
D. `for i in range(1, 8, 2):`

➡ P60

□ **6.** 次のコードを実行した結果「L」が表示されるとき、空欄①に当てはまる記述として正しいものを選択してください。(1つ選択)

```
for c in "HELLO":
    if c == "L":
        ①

print(c)
```

A. `break`
B. `continue`
C. `else`
D. `return`

➡ P61

□ **7.** ディクショナリが代入されている変数`data`のキーと値を同時に取得する記述として正しいものを選択してください。(1つ選択)

A. `data.key_value()`
B. `data.keys()`
C. `data.items()`
D. `data.values()`

➡ P61

□ **8.** 次のコードを実行した結果として正しいものを選択してください。(1つ選択)

```
for i, c in enumerate("WORD"):
    if i == 2:
        print(c)
```

A. W
B. O
C. R
D. D

➡ P62

□ **9.** 次のコードを実行した結果として正しいものを選択してください。(1つ選択)

```
print(list(reversed(sorted("EAT"))))
```

A. ['E', 'A', 'T']
B. ['A', 'E', 'T']
C. ['T', 'A', 'E']
D. ['T', 'E', 'A']

➡ P63

☐ **10**. 次のコードを実行した結果として正しいものを選択してください。（1つ選択）

```
for n, c in zip([1, 2, 3], ["1", "2", "3"]):
    print(c * n)
```

A.
```
1
2
3
```

B.
```
1
4
9
```

C.
```
11
22
33
```

D.
```
1
22
333
```

➡ P64

第4章　判定と繰り返し
解　答

1. B

➡ P52

if文とand、orを使った条件の式に関する問題です。
andは、指定した条件がすべて成立しているかを調べる演算子、**or**は、いずれかが成立しているかを調べる演算子です。

設問のコードでは、and、orを使って、1から6の数字を次の3通りに分類しています。

・6の倍数
・2か3の倍数
・2の倍数でも3の倍数でもない

最初の「6の倍数」という分類は、2行目のコード「`if i % 2 == 0` [①] `i % 3 == 0:`」の内容を示したものです。前半部分の「`i % 2 == 0`」は「2で割った余りが0」を意味し、これは2の倍数を表します。同様に、後半部分の「`i % 3 == 0`」は3の倍数を表します。
「6の倍数」は「2の倍数、かつ、3の倍数」なので、2行目のコードは次のように記述します(①)。`and`と`or`を間違えると期待した結果になりません(C、D)。

```
i % 2 == 0 and i % 3 == 0   ←①
```

2番目の「2か3の倍数」は「2の倍数、または、3の倍数」なので、4行目のコードは次のように記述します（②)。`or`の代わりにandは書けません（C、D)。

```
i % 2 == 0 or i % 3 == 0   ←②
```

3番目の「2の倍数でも3の倍数でもない」は、1番目でも2番目でもないということです。つまり、これまでの`if`と`elif`以外のすべてにあたります。この場合は`else`を使います（③)。`else`の代わりにnotは書けません（A、C)。

以上から、選択肢**B**が正解です。

2. A

➡ P53

短絡演算子としてのand、orに関する問題です。
不要な評価を省略して短絡する（一足飛びに結論を出す）演算子を、**短絡演算子**といいます。たとえば、A and Bは、次のように計算して結果を返します。

・Aを評価しその評価結果の真偽を判定する
・判定が偽であれば、Bを評価せずにAの評価結果を返す
・判定が真であれば、Bを評価しその評価結果を返す

このように、Aの判定が偽であればBを評価しません。
同様に、A or Bは、Aが真であればその評価結果を返し、そうでなければBの評価結果を返します。
設問のようにandやorが繰り返される場合は、左から順に計算します。andがずっと続く場合や、orがずっと続く場合は、次のように計算します。

● **andがずっと続く場合**
左から評価していき、「最初に偽」になった評価結果が最終結果になり、そこで評価をやめます。すべて真の場合は、最後の評価結果が最終結果になります。

● **orがずっと続く場合**
左から評価していき、「最初に真」になった評価結果が最終結果になり、そこで評価をやめます。すべて偽の場合は、最後の評価結果が最終結果になります。

以上を踏まえて、設問のコードを確認してみましょう。

例 andが続く場合

```
def num(value):
    return value

value1 = num(0) and num(1) and num(2)
```

num(整数)を評価すると、引数の整数を返します。その整数の真偽の判定は、0が偽、それ以外が真です。
左から計算するので、まずnum(0)を評価し0になります。0は偽なのでそこで評価をやめて、value1は0になります。num(1)とnum(2)の関数は呼ばれません。

続いて、次行のコードを確認します。

例 orが続く場合

```
value2 = num(0) or num(1) or num(2)
```

まずnum(0)を評価し0になります。0は偽なので次にnum(1)を評価し1になります。1は真なのでそこで評価をやめて、value2は1になります。num(2)の関数は呼ばれません。

以上から、実行結果は「0 1」となります（**A**）。

3. C

➡ P53

Noneとの比較に関する問題です。
Noneは、値が何も存在しない状態を表します。たとえば、変数を「value = None」のように定義すると、値を持たない変数を作成できます。

変数valueがNoneかどうかを正しく判定するには、valueがNoneのときに「真」を、valueがNoneでないときに「偽」を返す必要があります。「不定」になるということは、真にも偽にもなりうることを意味するため、正しい判定とはいえません。
選択肢のコードとその振る舞いを下表にまとめます。

【選択肢A～Dのコードと判定結果】

選択肢	コード	valueがNoneのとき	valueがNoneでないとき
A	`if value:`	偽	不定
B	`if not value:`	真	不定
C	`if value is None:`	真	偽
D	`if value == None:`	真	偽

if value:は、valueがNoneのとき「偽」になるため、Noneと判定できていません（A）。
if not value:は、valueがNoneでない値の0のときに「真」になるため、Noneでないことを判定できていません（B）。
if value is None:は、Noneかどうかをきちんと判定できます（**C**）。
if value == None:は、ほとんどの場合にNoneかどうかを判定できます。しかし、==はisより実行時間がかかったり、プログラマが==の動作を変更可能なため最も適切とはいえません（D）。

4. D

➡ P53

for文に関する問題です。
リストの要素を順番に処理する場合は、**for文**を利用できます。for文の書式は次のとおりです。

書式 for文による繰り返し処理

```
for 変数 in リスト:
    # 繰り返しの処理
    ⋮
```

※「リスト」の部分にはタプルや文字列なども指定可能

for (int i: data)は、Javaで使われる書き方です（A）。
for (let i in data)は、JavaScriptで使われる書き方です（B）。
for i in data doは、Rubyで使われる書き方です（C）。
for i in data:は、Pythonで使われる書き方です（**D**）。

5. C

➡ P54

range()関数に関する問題です。
range()関数は、整数を繰り返すオブジェクトを返す関数です。返り値として「1, 2, 3, ...」のような連続値や「3, 6, 9, ...」のような等差数列を取得できます。

書式 range()関数による数列の作成

```
     range(stop)
または range(start, stop)
または range(start, stop, step)
```

例 range()関数による数列の作成

```
r = range(3, 10, 3)
print(list(r))
```

【実行結果】

```
[3, 6, 9]
```

start、stop、stepには、整数を指定します。
startから始まり、stopの直前まで、stepごとに整数を順番に取得できます。
startを省略すると0から始まり、stepを省略すると1ごとの整数（連続値）

を取得します。

range(4)は[0, 1, 2, 3]と同じ内容です（A）。
range(0, 4)は[0, 1, 2, 3]と同じ内容です（B）。
range(1, 4)は[1, 2, 3]と同じ内容のため誤っています（C）。
range(1, 8, 2)は[1, 3, 5, 7]と同じ内容です（D）。

6. A

➡ P54

forループ処理の終了方法に関する問題です。
まずは、設問のコードを見ていきましょう。

例 設問のforループ処理

```
for c in "HELLO":
    if c == "L":
        ①
```

1行目のfor文を終了した後で、Lと出力されるためには、cが"L"のときにループを終了する必要があります。forを直ちに終了するのは、**break**です（A）。

continueは、現在のループを中止し、次のループに進みます。ループは最後まで繰り返すため、cは"O"（HELLOの末尾）になります（B）。
elseは、インデントの位置がおかしいので、SyntaxErrorになります（C）。
returnは、関数内でしか使えないので、SyntaxErrorになります（D）。
SyntaxErrorは、構文に問題がある場合に発生するエラーです。

7. C

➡ P54

ディクショナリのitems()メソッドに関する問題です。
ディクショナリは、複数の値を扱うためのデータ構造です。リストと異なるのは、インデックスの代わりに、キーを使って値を参照・更新できる点です。「キーとそれに対応する値のペア」の集合と考えるとよいでしょう（詳細は「第6章 その他コレクションの操作」を参照）。

ディクショナリのキーと値のペアを取得するのは、**items()メソッド**です（C）。

※次ページに続く

例 items()メソッドの記述例

```
data = {'key1':100, 'key2':200, 'key3':300}
for k, v in data.items():
    print(k, v)
```

【実行結果】

```
key1 100
key2 200
key3 300
```

ディクショナリにkey_value()というメソッドは存在しません（A）。keys()は、ディクショナリのキーのみを取得するメソッドです（B）。values()は、ディクショナリの値のみを取得するメソッドです（D）。

for文でディクショナリのキーと値を同時に取得するには、items()メソッドを使うことを覚えておきましょう。

8. C

➡ P55

enumerate()関数についての問題です。

enumerate()関数は、for文と組み合わせることで、リストや文字列などの反復可能体からインデックスと要素を同時に取得できます。**反復可能体**とは、for文による繰り返しが可能なもの（リスト、タプル、ディクショナリ、文字列などのデータ型）を指します。

書式 インデックスと要素を取得する

```
for i, elem in enumerate(iterable):
    print(i, elem)
```

- i ……………… 0始まりの通し番号を格納したforの変数
- elem ………… 反復可能体の要素を格納したforの変数
- iterable …… 任意の反復可能体

enumerate()関数は、さらにif文と組み合わせることで、指定したインデックスの要素を取得できます。

例 指定したインデックスの要素を取得する

```
for i, c in enumerate("WORD"):
    if i == 2:
        print(c)
```

設問では、文字列「WORD」に対して、インデックス「i == 2」の要素を取得しています。iは、0、1、2、…となるので、i == 2は3番目です。したがって、3番目の文字である「R」が出力されます（C）。

9. D

➡ P55

sorted()関数とreversed()関数に関する問題です。
sorted()関数を使うと、反復可能体から昇順にソートしたリストを取得できます。文字列をソートした場合は、アルファベット順の文字のリストになります。

書式 昇順のリストを取得する

sorted(iterable)

・iterable……任意の反復可能体

例 昇順のリストを出力する

```
print(sorted("EAT"))
```

【実行結果】

```
['A', 'E', 'T']
```

また、**reversed()関数**は、リストや文字列などから逆順にしたオブジェクトを取得できます。ただし、そのままでは要素を確認できないので、下記の例ではリスト化して確認しています（D）。

書式 逆順にしたオブジェクトを取得する

reversed(sequence)

・sequence……リストや文字列など

例 逆順のリストを出力する

```
print(list(reversed(sorted("EAT"))))
```

【実行結果】

```
['T', 'E', 'A']
```

10. D

➡ P56

zip()関数に関する問題です。

zip()関数を使うと、複数の反復可能体から並列で要素を取得できます。たとえば、下記のように使用できます。

書式 複数の反復可能体から要素を取得する

```
for elem1, elem2, ... in zip(iterable1, iterable2, ...):
    ⋮
```

- iterable<N> …… 任意の反復可能体
- elem<N>………… 反復可能体の要素を格納したforの変数

設問では、次のような2つのリストを作成し、要素を順に取得しています。forループの中で、nとcは、順に「1と"1"」「2と"2"」「3と"3"」になります。

例 2つのリストから要素を取得する

```
for n, c in zip([1, 2, 3], ["1", "2", "3"]):
    ⋮
```

【zip()関数による要素の取得】

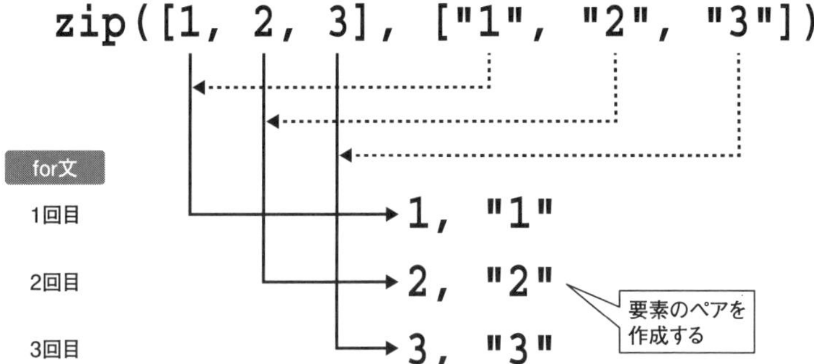

また、設問の最終行では、取得した要素をprint(c * n)で出力しています。文字列のn倍は、文字列をn個並べたものになるため、出力結果は「1」「22」「333」となります（D）。

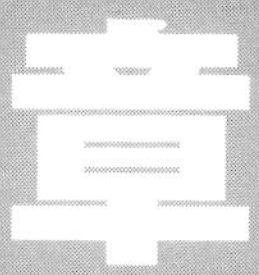

第5章 関数

- 関数の定義
- 関数の呼び出し
- 変数の扱い方
- ローカル変数とグローバル変数
- キーワード引数
- 引数のデフォルト値
- lambda式

☐ **1.** 関数の定義の書き始めとして正しいものを選択してください。（1つ選択）

A. `def greeting(message)`
B. `function greeting(message)`
C. `def greeting(message):`
D. `function greeting(message):`

➡ P72

☐ **2.** 関数greetingを呼び出す方法として誤っているものを選択してください。（1つ選択）

A.
```
x = greeting("Hello")
```

B.
```
x = greeting
y = x("Hello")
```

C.
```
x = greeting "Hello"
```

D.
```
greeting("Hello")
```

➡ P72

☐ **3.** 関数で使用する変数の特徴として誤っているものを選択してください。（1つ選択）

A. 関数内で定義したすべての変数は、関数の外側でもその変数名で参照できる
B. 関数内では、関数の外側で定義された変数に値を直接代入できない
C. 関数内で、グローバル変数への代入を行う場合は、global文を使う
D. global文のない関数内での変数への代入は、その関数のローカル変数として扱われる

➡ P73

☐ **4.** キーワード引数を使った関数を呼び出す方法として正しいものを選択してください。(1つ選択)

```
def function(x, y="foo", z="bar"):
    print(x, y, z)
```

A. function(y="ham", z="eggs", "spam")
B. function("spam", y="ham", z="eggs")
C. function("spam", y="ham", a="eggs")
D. function("spam", "ham", y="foo", z="eggs")

➡ P74

☐ **5.** 次のコードを実行した結果として正しいものを選択してください。(1つ選択)

```
default_message_1 = "Hello"


def message(message_1=default_message_1, message_2=""):
    print(f"{message_1} {message_2}")


default_message_1 = "こんにちは"
message_2 = "world"

message(message_2=message_2)
```

A. Hello
B. こんにちは world
C. Hello world
D. こんにちは

➡ P75

□ **6.** 次のコードを実行した結果として正しいものを選択してください。（1つ選択）

```
def function(number, default_arg_list=[]):
    default_arg_list.append(number)
    return default_arg_list


print(function(1))
print(function(2, [3, 4]))
print(function(3))
print(function(4, [5, 6]))
print(function(5))
```

A.
```
[1]
[1, 2, 3, 4]
[1, 2, 3, 3, 4]
[1, 2, 3, 3, 4, 5, 6]
[1, 2, 3, 3, 4, 5, 6, 5]
```

B.
```
[1]
[2, 3, 4]
[1, 3]
[4, 5, 6]
[1, 3, 5]
```

C.
```
[1]
[1, 2, 3, 4]
[1, 2, 3, 4, 3]
[1, 2, 3, 4, 3, 5, 6]
[1, 2, 3, 4, 3, 5, 6, 5]
```

D.
```
[1]
[3, 4, 2]
[1, 3]
[5, 6, 4]
[1, 3, 5]
```

➡ P76

7. 次のコードを実行した結果として正しいものを選択してください。
(1つ選択)

```
def function(name, *args, **kwargs):
    print(name)
    print(args)
    print(kwargs)


function("spam", "ham", kwarg1="eggs", kwarg2="spamhameggs")
```

A.
```
spam
('ham',)
{'kwarg1': 'eggs', 'kwarg2': 'spamhameggs'}
```

B.
```
spam
'ham'
{'kwarg1': 'eggs', 'kwarg2': 'spamhameggs'}
```

C.
```
spam
'ham'
('eggs', 'foo')
```

D.
```
spam
('ham',)
('eggs', 'foo')
```

➡ P78

8. 次のコードを実行して「spam&ham&eggs」と表示されるとき、空欄①に当てはまる記述として正しいものを選択してください。(1つ選択)

```
def concat(*args, sep="/"):
    return sep.join(args)


words = ["spam", "ham", "eggs"]
options = {"sep": "&"}
print( ① )
```

A. concat(**words, **options)
B. concat(words, sep=options)
C. concat(*words, **options)
D. concat(args=words, sep=options)

➡ P79

9. 次のコードを実行した結果として正しいものを選択してください。(1つ選択)

```
func = lambda a, b: (b + 1, a * 2)
x, y = 1, 2
x, y = func(x, y)
print(x, y)
```

A. 6 3
B. 2 3
C. 3 6
D. 3 2

➡ P80

□ **10.** 次のコードを実行して「これはdocstringです」と表示されるとき、空欄①に当てはまる記述として正しいものを選択してください。
(1つ選択)

```
def func():
    """これはdocstringです"""
    pass


print( ① )
```

A. func.__docstring__
B. func.__doc__
C. func.__document__
D. func.__docs__

➡ P80

第5章　関数
解　答

1.　C

➡ P66

関数を作成する方法についての問題です。
関数とは、処理をまとめて1つの機能として定義したものです。関数を利用することによりコードの再利用性が高まります。また、プログラム全体の可読性も向上します。

Pythonで関数を定義するには、キーワード**def**を使用します。defに続けて、**関数名**、丸括弧**()**で囲んだ**仮引数**のリストを書き、末尾にコロン「**:**」を記述します（**C**）。

書式　関数の定義

```
def 関数名(仮引数1, 仮引数2, ...):
    # 処理内容
```

2.　C

➡ P66

関数を呼び出す方法についての問題です。
Pythonで関数を呼び出すには、**関数名**に続けて、丸括弧「**()**」で囲んだ**引数**のリストを記述します。

書式　関数の呼び出し

```
関数名(引数1, 引数2, ...)
```

呼び出した関数は、返り値を変数に代入できます（A）。関数そのものを変数に代入して呼び出す方法もあります（B）。返り値を変数に代入せずに呼び出すのが、基本的な使い方です（D）。
Pythonでは、関数を呼び出すときに()は省略できません（**C**）。

Pythonチュートリアルでは、関数が返す値を「返り値」と表現していますが、書籍やWebサイト上のドキュメントでは「戻り値」と呼ぶこともあります。

3. A

➡ P66

関数内で扱う変数についての問題です。
関数の内部で使用する変数（**ローカル変数**）は、その関数内で定義する必要があります。関数の外側で定義した変数（**グローバル変数**）に、そのままでは値を代入できません（B）。
関数の内側と外側では、変数の有効範囲が異なります。同名の変数が関数の内側と外側で定義されていても、それぞれ別の変数として扱われます。

例 関数内で変数に値を代入する①

```
x = 100  # グローバル変数


def do_local():
    x = 200  # ローカル変数


do_local()
print(x)
```

【実行結果】

```
100
```
⬅ 変数の有効範囲が異なるため、do_local()関数を実行してもグローバル変数xの値は上書きされない

関数内での変数への代入は、すべてその関数のローカル変数として扱われます（D）。関数の外側で定義されたグローバル変数に値を代入するには、**global文**を使います（C）。

※次ページに続く

例 関数内で変数に値を代入する②

```
x = 100  # グローバル変数


def do_global():
    # global文で変数xがグローバル変数であることを示す
    global x
    x = 200


do_global()
print(x)
```

【実行結果】

```
200  ← do_global()関数ではglobal文を使っているため、変数xの値は上書きされる
```

関数内で定義されている変数は、関数の外側では参照できません（**A**）。関数の内外では変数の有効範囲が異なるため、関数の内側で定義した変数を、関数の外側で参照すると、NameErrorが発生します。

変数の有効範囲は「スコープ」とも呼ばれます。関数の内側と外側では、変数のスコープが異なることを理解しておきましょう。

4. B

➡ P67

キーワード引数を使った関数を呼び出す方法についての問題です。
キーワード引数は、「キーワード=値」の形式で与える引数を指します。
一方、値だけの引数の形式を**位置引数**と呼びます。

キーワード引数の後に位置引数は与えられません（A）。また、存在しないキーワード引数を与えて関数を呼び出した場合は、TypeErrorが発生します（C）。次の例は、aという予期しないキーワード引数が与えられたことを示すエラーメッセージです。

【TypeErrorの例】

```
Traceback (most recent call last):
  File "<stdin>", line 1, in <module>
TypeError: function() got an unexpected keyword argument 'a'
```

指定済みの引数に対して、キーワード引数による再指定はできません。次のコードのように、仮引数yに"ham"を渡した後に、キーワード引数でyを重複しては指定できません（D）。
位置引数の後にキーワード引数を与えるのが正しい方法です（B）。

例 キーワード引数を使った関数の呼び出し

```
def function(x, y="foo", z="bar"):
    print(x, y, z)

# 正しい記述例（B）
function("spam", y="ham", z="eggs")
                  ↑ キーワード引数が位置引数の後に与えられている

# 誤った記述例（A、C、D）
function(y="ham", z="eggs", "spam")
         ↑ キーワード引数が位置引数より先に与えられている

function("spam", y="ham", a="eggs")
                          ↑ 存在しないキーワード引数が与えられている

function("spam", "ham", y="foo", z="eggs")
                  ↑ "ham"とy="foo"で引数yへの指定が重複している
```

5. C

➡ P67

引数のデフォルト値に関する問題です。
引数には、**デフォルト値**を設定できます。関数の実行時に値を与えられなくても、デフォルト値が関数の中で使われます。

書式 引数にデフォルト値を設定する

```
def 関数名(引数=デフォルト値):
```

引数のデフォルト値は、関数が定義された時点で評価され、関数の実行時に再評価は行われません。

これらを踏まえて、設問のコードを確認していきましょう。

例 設問のコード

```
default_message_1 = "Hello"
                ↑ default_message_1を定義している

def message(message_1=default_message_1, message_2=""):
                ↑ default_message_1の指す値は"Hello"になっている
    print(f"{message_1} {message_2}")


default_message_1 = "こんにちは"
                ↑ message()関数の引数message_1の
                  デフォルト値には影響しない
message_2 = "world"

message(message_2=message_2)
```

設問のコードでは、まず変数default_message_1を定義してから、message()関数を定義しています。この時点で、message()関数の引数message_1のデフォルト値は、"Hello"になっています。message()関数を定義してから、変数default_message_1に値を代入しても、message()関数の引数message_1のデフォルト値には影響を与えません。
変数message_2は、デフォルト値を定義していないため、関数の定義後に代入した"world"の値を評価します。
以上のことから、message()関数が出力するのはHello worldとなります(C)。

6. D

➡ P68

引数のデフォルト値に関する問題です。
引数のデフォルト値は、関数が定義された時点で評価され、関数の実行時に再評価は行われません。また、引数のデフォルト値をリストにすると、その引数に値が加えられるたびにデフォルト値も変更されていきます。

これらを踏まえて、設問のコードを確認していきましょう。

```
def function(number, default_arg_list=[]):
    default_arg_list.append(number)
    return default_arg_list
```

まず、def function(number, default_arg_list=[]):では、第2引数のデフォルト値をリストにしています。この場合、引数の指定の仕方によって、実行する処理の内容が変わります。

- 第2引数が指定されている場合………第2引数のリストに第1引数(number)の値を加える
- 第2引数が指定されていない場合……default_arg_listのデフォルト値に第1引数(number)の値を加える

以下の各コードでは、次のような処理が行われています。

```
print(function(1))          ← 引数default_arg_listのデフォルト値に1が加わる
                              つまり、default_arg_listは[1]となる
print(function(2, [3, 4]))  ← 引数default_arg_listが指定されているため
                              デフォルト値は変化しない
                              この場合、リスト[3, 4]の末尾に2が加わる
print(function(3))          ← 引数default_arg_listのデフォルト値に3が加わる
                              default_arg_listは[1, 3]となる
print(function(4, [5, 6]))  ← 引数default_arg_listが指定されているため
                              デフォルト値は変化しない
                              この場合、リスト[5, 6]の末尾に4が加わる
print(function(5))          ← 引数default_arg_listのデフォルト値に5が加わる
                              default_arg_listは[1, 3, 5]となる
```

以上のことから、出力は以下のようになります（D）。

【出力結果】

```
[1]
[3, 4, 2]
[1, 3]
[5, 6, 4]
[1, 3, 5]
```

なお、実務で使うときは、引数のデフォルト値をリストにするのは避けるべきです。次のようにすることで、引数の省略時にdefault_arg_listを空のリストにできます。

例 引数のデフォルト値をNoneにする

```
def function(number, default_arg_list=None):
    if default_arg_list is None:
        default_arg_list = []
    default_arg_list.append(number)
    return default_arg_list
```

7. A

➡ P69

引数をタプルやディクショナリとして参照する方法に関する問題です。
*が先頭に付いた仮引数には、指定済みの実引数を除く位置引数のタプルが入ります。**が先頭に付いた仮引数には、指定済みの実引数を除くキーワード引数のディクショナリが入ります（タプルとディクショナリの詳細は「第6章 その他コレクションの操作」を参照）。

これらを踏まえると、実行結果は以下のようになります（A）。

【実行結果】

```
spam
('ham',)
{'kwarg1': 'eggs', 'kwarg2': 'spamhameggs'}
```

関数に定義する引数のことを「仮引数」と呼びます。一方で、関数を呼び出す際に指定する引数は「実引数」と呼びます。

```
def func(x, y):    ← x, yは仮引数
    print(x, y)


func(10, 20)    ← 10, 20は実引数
```

8. C

➡ P70

リストやタプルとして与えられた引数に関する問題です。
リストおよびタプルは、*を先頭に付けることで、要素を位置引数に展開して関数に渡せます。これを**アンパック**と呼びます。
また、ディクショナリは**を先頭に付けることで、キーワード引数として指定できます。

設問の出力のspam&ham&eggsは、"&".join("spam", "ham", "eggs")を実行して得られます。そのためには、concat()の引数を次のようにします。

- 引数args……("spam", "ham", "eggs")
- 引数sep………"&"

この引数にするための実行方法は、concat("spam", "ham", "eggs", sep="&")です。
これらをwordsとoptionsを使って記述するには、それぞれ*と**でアンパックします。

以上のことから、正解のコードは次のようになります（C）。

```
def concat(*args, sep="/"):
    """引数sepの文字列で区切って引数argsの文字列を連結する"""
    return sep.join(args)


words = ["spam", "ham", "eggs"]
options = {"sep": "&"}
# 変数words(リスト)と変数options(ディクショナリ)を
# アンパックしてconcat()関数に渡す
print(concat(*words, **options))
```

【実行結果】

```
spam&ham&eggs
```

9. D

➡ P70

lambda（ラムダ）式に関する問題です。

lambda式は、無名関数と呼ばれる種類の関数です。通常の関数定義とは異なり、単一の式しか持てないという特徴があります。「lambda 引数: 式」という書き方をし、式の結果が返り値になります。

設問のlambda式は、引数aとbを取り、(b+1, a*2)という式を実行してタプルを返します。

```
func = lambda a, b: (b + 1, a * 2)
x, y = 1, 2
x, y = func(x, y)  # lambda式の引数a, bはそれぞれ1, 2で、返り値は(3, 2)
print(x, y)
```

したがって、コードの実行結果は「3 2」となります（D）。

10. B

➡ P71

ドキュメンテーション文字列（docstring）に関する問題です。

docstringは、クラスや関数を説明するためのコメントです。1行目にはクラスや関数の目的などの簡潔な要約を書きます。呼び出し方や引数など、詳細な説明は1行空けて、3行目から書き始めます。

例 docstringの記述例

```
def multiplier(x, y):
    """2つの引数を乗算する関数

    x, yは整数もしくは浮動小数点数であること
    """
    return x * y
```

docstringは、__doc__という属性で参照できます（B）。

第6章

その他コレクションの操作

- collections.deque
- タプル／リスト
- setの定義
- setによる集合演算
- ディクショナリ

□ **1.** 次のコードを実行した結果として正しいものを選択してください。（1つ選択）

```
from collections import deque

queue = deque(["apple", "banana"])
queue.append("lemon")
queue.popleft()
queue.append("mango")
queue.popleft()
queue.append("peach")
queue.popleft()
print(queue)
```

A. `deque(['lemon', 'mango'])`
B. `deque(['peach'])`
C. `deque(['mango', 'peach'])`
D. `deque(['mango'])`

➡ P88

□ **2.** 以下のコードを実行したとき、タプルが生成されないものを選択してください。（1つ選択）

A. `sample_tuple = ("spam", "ham", "eggs")`
B. `sample_tuple = "spam", "ham", "eggs"`
C. `sample_tuple = "spam",`
D. `sample_tuple = tuple("spam", "ham", "eggs")`

➡ P89

3. リストとタプルの性質について誤っているものを選択してください。(1つ選択)

A. リスト、タプルには異なるデータ型の要素を格納できる
B. 要素を追加する方法として、リストでは`append()`メソッドを使用し、タプルでは`add()`メソッドを使用する
C. リストでは格納した要素を変更できるが、タプルでは変更できない
D. リスト、タプルの要素数は、`len()`関数で取得できる

➡ P90

4. setの性質として誤っているものを選択してください。(1つ選択)

A. 重複する要素を持たない
B. 2つのsetの和集合や差集合を演算できる
C. 要素の追加について、リストでは`append()`メソッドを使い、setでは`add()`メソッドを使う
D. 要素の順序は追加された順で保持される

➡ P90

5. 以下のコードを実行して{'r', 'b', 'd'}が表示されるとき、空欄①に当てはまる記述として正しいものを選択してください。(1つ選択)

```
s1 = set("abracadabra")
s2 = set("alacazam")

print( ① )
```

A. `s1 - s2`
B. `s1 ^ s1`
C. `s1 | s2`
D. `s1 & s2`

➡ P91

□ **6**. 以下のコードを実行した結果「True」と表示されるとき、空欄①に入る記述として正しいものを選択してください。（1つ選択）

```
stock_1 = {"apple", "banana", "watermelon", "peach", "strawberry"}
stock_2 = {"strawberry", "orange", "melon", "apple", "banana"}

s = [ ① ]
print("orange" in s)
```

A. stock_1 - stock_2
B. stock_2 - stock_1
C. stock_1 & stock_2
D. stock_2 & stock_1

➡ P92

□ **7.** 以下のコードのうち、ディクショナリの定義として誤っているものを選択してください。(1つ選択)

A.
```
price = {
    "apple": 150,
    "orange": 100,
    "strawberry": 200,
    "banana": 120,
}
```

B.
```
price = {
    ("apple", "orange"): (150, 100),
    ("strawberry", "banana"): (200, 120),
}
```

C.
```
price = {
    ["apple", "orange"]: [150, 100],
    ["strawberry", "banana"]: [200, 120],
}
```

D.
```
price = {
    150: "apple",
    100: "orange",
    200: "strawberry",
    120: "banana",
}
```

➡ P94

□ **8.** 次のコードを実行した結果として正しいものを選択してください。（1つ選択）

```
price = {"apple": 120}
price["peach"] = 200
price["strawberry"] = 180
del price["apple"]
price["orange"] = 100
price["peach"] = 180
print(price)
```

A. {'peach': 180, 'strawberry': 180, 'orange': 100}
B. {'orange': 100, 'strawberry': 180, 'peach': 200}
C. {'orange': 100, 'peach': 200, 'strawberry': 180}
D. {'apple': 120, 'orange': 100, 'strawberry': 180, 'peach': 180}

➡ P94

□ **9.** ディクショナリ`price`にキー`"apple"`が含まれていることを判定するとき、空欄①の内容として誤っているものを選択してください。（1つ選択）

```
price = {"apple": 120, "banana": 150}
print( ① )
```

A. "apple" in price
B. "apple" in price.keys()
C. price.includes("apple")
D. "apple" in list(price)

➡ P95

☐ **10.** 実行すると{1: 1, 3: 27, 6: 216}と表示されるコードとして正しいものを選択してください。(1つ選択)

A. `print(x: {for x**3 in (1, 3, 6)})`
B. `print({x: x**3 for x in (1, 3, 6)})`
C. `print({x: for x**3 in (1, 3, 6)})`
D. `print({for x: x**3 in (1, 3, 6)})`

➡ P95

第6章　その他コレクションの操作
解　答

1. C

➡ P82

collections.dequeに関する問題です。

collections.dequeは、キューのように扱えるデータ構造です。一般的なキューでは、要素は末尾に追加され、取り出すときは必ず先頭（左端）の要素から取り出されますが、collections.dequeでは、これらの操作をappend(要素)とpopleft()で行います（キューの詳細は「第3章 リストの操作」を参照）。

設問のコードは以下のように動作します。

例 collections.dequeによるキュー処理

```
# "apple", "banana"という要素を持ったdequeを作成
queue = deque(["apple", "banana"])
# キューの末尾に"lemon"を追加
queue.append("lemon")
# キューの左端の要素("apple")を取り出す
queue.popleft()
# キューの末尾に"mango"を追加
queue.append("mango")
# キューの左端の要素("banana")を取り出す
queue.popleft()
# キューの末尾に"peach"を追加
queue.append("peach")
# キューの左端の要素("lemon")を取り出す
queue.popleft()
# キューを表示
print(queue)
```

最終的に、キューには"mango"と"peach"が残ります。そのため、表示されるのはdeque(['mango', 'peach'])になります（C）。

collections.dequeは、両端キューと呼ばれる種類のキューになります。そのため、先頭と末尾のどちらでも、追加と削除を効率的に行えます。
・先頭に要素を追加する場合は、appendleft()メソッドを使用する
・末尾から要素を取り出す場合は、pop()メソッドを使用する

2. D

➡ P82

タプルに関する問題です。
タプルは、リストと同じく複数の値を扱うためのデータ型です。
一般的なタプルの定義は、カンマ区切りの要素を括弧「()」で囲むことです。

例 タプルを定義する（A）

```
sample_tuple = ("spam", "ham", "eggs")
```

実際には、タプルを構成するのは、()ではなくカンマ「,」です。そのため、要素をカンマ区切りにするだけでタプルを定義できます。

例 ()を省略してタプルを定義する（B）

```
sample_tuple = "spam", "ham", "eggs"
```

要素が1つの場合は、末尾にカンマを書きます。

例 要素が1つのタプルを定義する（C）

```
sample_tuple = "spam",
```

tuple()関数を使って定義する場合、その引数はリストなどの反復可能体である必要があります。カンマ区切りの要素は、そのままでは引数として与えられません（**D**）。

例 tuple()関数でタプルを定義する

```
# 誤った例
sample_tuple = tuple("spam", "ham", "eggs")
# 正しい例
sample_tuple = tuple(["spam", "ham", "eggs"])
```

3. B

➡ P83

リストとタプルの性質の違いに関する問題です。
リストとタプルには、数値や文字列などの異なるデータ型の要素を格納できます（A）。

例 リストに数値と文字列を格納する

```
sample_list = [1, "2", 3]
```

例 タプルに数値と文字列を格納する

```
sample_tuple = ("1", 2, "3")
```

リストの場合は、既に存在する要素の値を変更できますが、タプルの場合は、こうした変更ができません（C）。リストとタプルのどちらでも、格納されている要素の数はlen()関数で取得できます（D）。
リストの場合は、定義した後でもappend()メソッドを使うことで要素を追加できます。タプルの場合は、いったん定義すると後から要素を追加できません（**B**）。

4. D

➡ P83

setの性質に関する問題です。
setとは集合を扱うデータ型のことで、要素を重複しないように保持します（A）。また、2つのset同士で、和集合や差集合といった集合演算を行えます（B）。
setはset()関数によって定義できます。set()関数の引数はリスト、タプルといった反復可能体です。

例 setをリストで定義する

```
s1 = set([1, 2, 3, 4, 5])
```

例 setをタプルで定義する

```
s2 = set((1, 3, 5))
```

add()メソッドでも要素をsetに追加できますが（C）、追加した順序を保持しません（**D**）。また、要素を取り出すときの順序も、実行のたびに同じになるとは限りません。

5. A

➡ P83

setによる集合演算に関する問題です。

設問では、まず{'r', 'b', 'd'}の要素に注目します。'r'、'b'、'd'は、set「s2」には含まれていない要素です。これを踏まえると、{'r', 'b', 'd'}という集合は、「set s1からset s2にも含まれる要素を取り除いた集合」と考えられます。そのような集合は、差集合です。

Pythonでは、差集合を-演算子を使った集合演算で求めます（A）。

集合演算を解くときには、ベン図と呼ばれる集合同士の関係図をイメージするとよいでしょう。設問の集合演算をベン図にすると、以下のようになります。

【ベン図（差集合）】

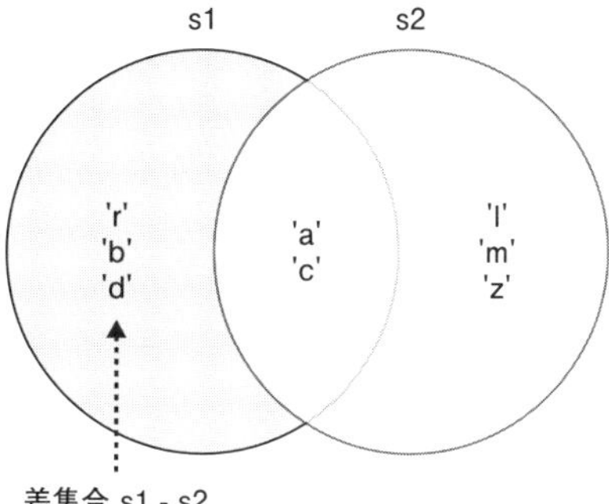

6. B

➡ P84

setによる集合演算に関する問題です。
対象となるsetに、ある要素が含まれていることを判定するには、**in演算子**を使います。`"orange" in s`は、set「s」に`"orange"`が含まれていることを判定します。これを踏まえると、求める集合演算は、演算結果に"orange"が含まれる集合演算になります。

まず、set「`stock_1`」からset「`stock_2`」と共通する要素を取り除いた集合（差集合）は、{`'watermelon', 'peach'`}となるため、求める集合演算ではありません（A）。

【差集合（`stock_1 - stock_2`）】

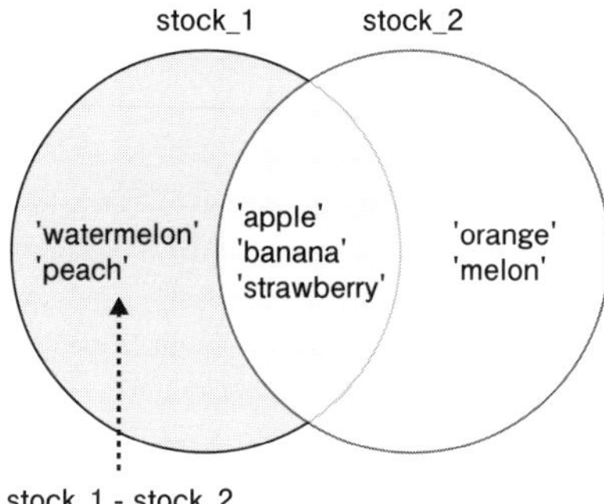

次に、set「`stock_1`」とset「`stock_2`」で共通する要素の集合（積集合）は{`'apple', 'banana', 'strawberry'`}となるため、求める集合演算ではありません（C）。積集合は右辺と左辺の集合を入れ替えても、同じ結果になるため、`stock_2 & stock_1`も求める集合演算ではありません（D）。

【積集合（`stock_1 & stock_2`）】

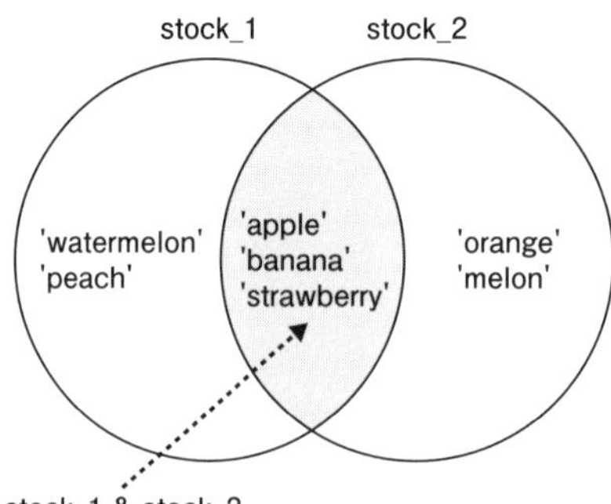

「set stock_2からset stock_1を引いた差集合」は{'orange', 'melon'}となるため、stock_2 - stock_1が求める集合演算になります(B)。

【差集合(stock_2 - stock_1)】

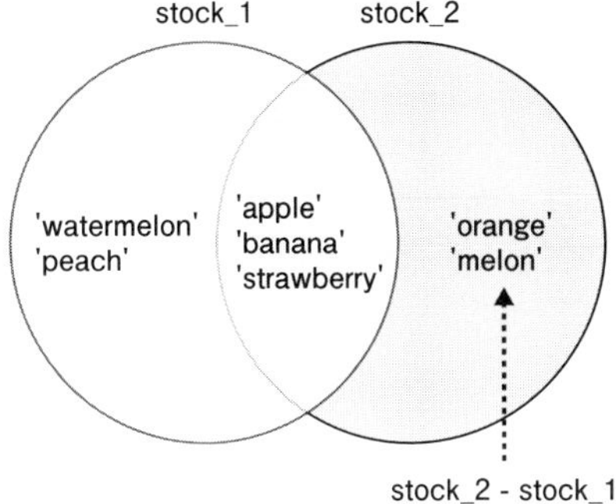

試験対策

集合演算を行うときには、演算子に対応するsetのメソッドも使用できます。

【演算の種類とそのメソッド】

演算の種類	演算子	メソッド
和集合	|	union()
差集合	-	difference()
積集合	&	intersection()
対称差	^	symmetric_difference()

例 和集合を求める

```
s1 = {"apple", "banana", "peach"}
s2 = {"strawberry", "apple", "peach"}

# 演算子で和集合を求める
union_1 = s1 | s2
# メソッドで和集合を求める
union_2 = s1.union(s2)
```

【union1、union2の内容】

```
{'apple', 'banana', 'peach', 'strawberry'}
```

in演算子は集合だけでなく、リストやタプルでも使えます。

7. C

➡ P85

ディクショナリの定義に関する問題です。
ディクショナリは、複数の値を扱うためのデータ型の1つです。同様のデータ型にはリストがありますが、値を参照・更新する方法が異なります。リストがインデックスを使って参照・更新するのに対して、ディクショナリでは**キー**を使用します。「キーとそれに対応する値のペア」の集合と考えるとよいでしょう。

書式 ディクショナリの定義

```
変数 = {キー1: 値1, キー2: 値2, ...}
```

文字列をキーとしてディクショナリを作成できます（A）。同様に、タプルや数値もキーとして指定できます（B、D）。
リストは、ディクショナリのキーに指定できません。ディクショナリのキーにできるのは、文字列や数値といった不変体の値のみです。そのため、可変体であるリストをキーに指定するのは誤りです（**C**）。

8. A

➡ P86

ディクショナリの要素に関する問題です。
ディクショナリに要素を追加するには、`price["banana"] = 150`のようにキーと値を指定します。要素を削除するには、`del`文を使用して削除したいキーを指定します。

書式 ディクショナリに要素を追加

```
ディクショナリ名[キー] = 値
```

書式 ディクショナリの要素を削除

```
del ディクショナリ名[キー]
```

既に存在しているキーの値を変更するには、要素を追加する場合と同じ書き方をします。以上のことから、設問のコードの実行結果は、`{'peach': 180, 'strawberry': 180, 'orange': 100}`となります（**A**）。

9. C

➡ P86

ディクショナリとin演算子に関する問題です。
「値 in ディクショナリ」のように、ディクショナリに対して**in演算子**を使うことでキーの存在を確認できます（A）。また、ディクショナリのkeys()メソッドの返り値に対してin演算子を使うことでも確認できます（B）。list()関数の引数にディクショナリを与えると、キーを要素とするリストが生成されます。このリストに対してin演算子を使ってキーの存在を確認できます（D）。
ディクショナリのメソッドにincludes()はありません（**C**）。

10. B

➡ P87

ディクショナリの内包表記についての問題です。
以下のようにディクショナリを1行だけで作成する方法を、**内包表記**といいます。

書式 内包表記でディクショナリを定義

{キーの式: 値の式 for 変数 in 反復可能体}

※ キーの式と値の式は、変数を使った計算式にできる
※ キーの式と値の式は、変数のみでも可

設問では、キーとなっている数値を3乗した値を持つディクショナリを定義します。このディクショナリを内包表記で定義すると、以下のようになります（**B**）。

例 内包表記でディクショナリを定義

```
d = {x: x**3 for x in (1, 3, 6)}
```

ディクショナリを内包表記にした場合、キーは単一の変数だけでなく、計算式にもできます。以下のコードでは、変数xを2乗した式をキーにしています。

例 内包表記のキーを式にする

```
d = {x**2: x**3 for x in (1, 3, 6)}
print(d)
```

【実行結果】

```
{1: 1, 9: 27, 36: 216}
```

また、内包表記ではリストも作成できます。たとえば以下のコードでは、1～10までの要素を持ったリストを定義しています。

例 内包表記でリストを定義

```
sample_list = [i for i in range(1, 11)]
print(sample_list)
```

【実行結果】

```
[1, 2, 3, 4, 5, 6, 7, 8, 9, 10]
```

第7章

モジュール

□ **1.** 標準ライブラリの`calendar`モジュールに、`prmonth()`関数が定義されています。この関数を実行する方法として正しいものを選択してください。（1つ選択）

A.
```
import prmonth

prmonth(2000, 1)
```

B.
```
import calendar

calendar(2000, 1)
```

C.
```
import calendar

calendar.prmonth(2000, 1)
```

D.
```
import calendar.prmonth

calendar.prmonth(2000, 1)
```

➡ P102

□ **2.** ファイル`calc.py`にある`add()`関数を使うためのインポート方法として正しいものを選択してください。（1つ選択）

A. `from add import calc`
B. `from calc import add`
C. `import add from calc`
D. `import calc from add`

➡ P103

□ **3.** 次のコードを実行した結果として最も適切なものを選択してください。ただし、calcモジュールに__all__属性は存在しないものとします。(1つ選択)

```
from calc import *
```

A. calcモジュール内のすべての名前が使える
B. calcモジュール内の_で始まらない名前が使える
C. calcモジュール名と、モジュール内のすべての名前が使える
D. calcモジュール名と、モジュール内の_で始まらない名前が使える

➡ P103

□ **4.** calendarモジュールのcalendar()関数を実行する方法として誤っているものを選択してください。(1つ選択)

A.
```
import calendar as cal
print(cal.calendar(2000))
```

B.
```
from calendar import calendar as cal
print(cal(2000))
```

C.
```
from calendar import calendar as cal
print(calendar.cal(2000))
```

D.
```
from calendar import calendar as calendar
print(calendar(2000))
```

➡ P104

5. 次のコードを「メインモジュールとしてadd()関数を実行したときのみ」その結果を表示させたい場合、空欄①に入る記述として正しいものを選択してください。(1つ選択)

```
def add(a, b):
    return a + b

  ①
```

A. `print(add(1, 2))`

B.
```
if __main__ == "__name__":
    print(add(1, 2))
```

C.
```
if __module__ == "__name__":
    print(add(1, 2))
```

D.
```
if __name__ == "__main__":
    print(add(1, 2))
```

➡ P105

6. from bookcard.dump import dump_cardが実行可能なとき、bookcard/__init__.pyの内容として正しいものを選択してください。ただし、ディレクトリ構成は以下のとおりで、dump.pyにdump_cardが定義されているとします。(1つ選択)

【ディレクトリ構成】

```
bookcard/
    __init__.py
    dump.py  # dump_cardが定義されている
```

A. `# 空のファイル`
B. `import dump_card`
C. `import dump`
D. `from dump import dump_card`

➡ P105

□ **7.** パッケージが下記のディレクトリ構成を持つとき、bookcard/load/__init__.pyの内容として誤っているものを選択してください。(1つ選択)

【ディレクトリ構成】

```
bookcard/
    __init__.py
    dump.py
    load/
        __init__.py
        core.py
```

A. `from . import core`
B. `from .. import dump`
C. `from .dump import *`
D. `from ..dump import *`

➡ P107

第7章　モジュール
解　答

1. C

➜ P98

モジュールのインポートに関する問題です。
Pythonでは関数などをファイルに記述して、インタープリタや別のファイルからそのファイルを利用できる仕組みがあります。この仕組みを**インポート**といい、インポートされるファイルを**モジュール**といいます。
設問の`prmonth()`関数は、`calendar`モジュールに含まれる関数です。モジュール内の関数を実行するには、モジュールをインポートする必要があります。

たとえば、`calendar`という名前のモジュールをインポートするには、下記のように実行します。

例 calendarモジュールをインポートする

```
import calendar
```

`prmonth()`はモジュールではないので、`import prmonth`は、ModuleNotFoundErrorになります（A）。
また、同じ理由で`import calendar.prmonth`も、ModuleNotFoundErrorになります（D）。
インポートしたcalendarはモジュールなので、`calendar(2000, 1)`のようには実行できません（B）。
インポートした`calendar`モジュールの`prmonth()`関数を実行するには、以下のように記述します（C）。ここでは、2000年の1月のカレンダーを出力しています。

例 インポートしたcalendarモジュールの関数を実行する

```
calendar.prmonth(2000, 1)
```

2. B

➡ P98

fromを使ったインポートに関する問題です。
モジュールに含まれる関数のみをインポートするには、下記のようにfromを使用します。

書式 関数のみをインポートする

from モジュール名 import 関数名

設問のように、ファイルcalc.pyにあるadd()関数をインポートしたい場合は、下記のように記述します（B）。

例 add()関数をインポートする

```
from calc import add
```

from add import ...は、addがモジュールではないので、ModuleNotFoundErrorになります（A）。
また、import ... from ...は、SyntaxErrorになります（C、D）。

3. B

➡ P99

ワイルドカードを使ったインポートに関する問題です。
fromを使ったインポートでは、下記のようにアスタリスク「*」を使用できます。

書式 名前をすべてインポートする

from モジュール名 import *

この形式では、モジュール内のすべての（関数や変数などの）名前が使えるようになります。ただし、アンダースコア「_」で始まる名前はインポートされません（A、C）。また、モジュールの名前もインポートされません（C、D）。
なお、モジュールに__all__という文字列のリストが存在した場合は、そのリスト内の名前だけインポートされます。

設問のコードfrom calc import *を実行した場合、（__all__がなければ）calcモジュール内の_で始まらない名前がすべて使用できます（B）。

4. C

➡ P99

asを使ったインポートに関する問題です。
asを使うと、モジュールや関数を別名でインポートできます。たとえば、長い名前のモジュールをインポートする場合に、短い別名を指定することで使用時の記述を簡潔にできます。

書式 モジュールを別名でインポートする

import モジュール名 as モジュールの別名

例 calendarモジュールを別名calでインポートする

```
import calendar as cal
```

たとえば、上記のようにインポートすると、別名を使ってcal.calendar(2000)のように実行できます（A）。
同様にして、指定した関数も別名でインポートできます。この方法は、同名の異なる関数を区別したいときに便利です。

書式 関数を別名でインポートする

from モジュール名 import 関数名 as 関数の別名

例 calendar()関数を別名calでインポートする

```
from calendar import calendar as cal
```

上記のようにインポートすると、別名を使ってcal(2000)のように実行できます(B)。このとき、関数の別名はモジュールと同じ名前でも構いません(D)。ただし、上記のようにインポートしても、calendarという名前のモジュールはインポートされません。そのため、calendar.cal(2000)のようには実行できません（C）。

asを使ったインポートは、実務でもよく使うので覚えておきましょう。

5. D ➡ P100

モジュールの属性__name__に関する問題です。
__name__は、モジュールの属性であり、モジュール名が自動で代入されます。メインモジュール※で実行している場合は、"__main__"が代入されます。この決まりを利用し、メインモジュールとして実行されたか、別のコードから読み込まれたかの判定を、次のように行えます（D）。

※ Pythonでは、スクリプトとして実行された.pyファイルのことを「メインモジュール」と呼びます。

書式 メインモジュールか否かを判定する

```
if __name__ == "__main__":
    print("Main module")  # 何らかの処理
```

たとえば、上記のコードがファイルcalc.pyの内容だとすると、実行方法の違いによって、出力結果は次のように変わります。

・import calcとインポートしたときは、何も出力されない
・calc.pyを直接実行したときは、Main moduleと出力される

このように「if __name__ == "__main__":」を記述したファイルは、読み込み可能なモジュールとしてだけでなく、実行可能なスクリプトとしても利用できます。

6. A ➡ P100

パッケージの__init__.pyに関する問題です。
package_name/__init__.pyというファイルがあるときに、下記のようにpackage_nameをインポートすると、モジュールpackage_nameに__init__.pyの内容が読み込まれます。

例 __init__.pyを読み込む（パッケージのインポート）

```
import package_name
```

このように、ディレクトリに__init__.pyというファイルを配置すると、ディレクトリ名のモジュールとしてインポートできます。このような構成を**パッケージ**といいます。パッケージにすることで、__init__.pyだけでなく別の.pyのファイルをまとめて扱えます。この別のファイルをパッケージの**サブモジュール**といいます。

設問では、次のディレクトリ構成のパッケージを考えています。

【設問のディレクトリ構成】

```
bookcard/
    __init__.py
    dump.py   ← dump_cardが定義されている
```

bookcard/__init__.pyが存在すればbookcardがパッケージになります。また、bookcard/__init__.pyが空ファイルであっても、次のようにして、サブモジュールのdumpからdump_cardをインポートできます（**A**）。

例 サブモジュールをインポートする

```
from bookcard.dump import dump_card
```

__init__.pyでは、通常のモジュールのようにサブモジュールをインポートできないことに注意してください。

たとえば、bookcard/__init__.pyでは、サブモジュールをインポートするのに「import dump」や「from dump import *」のようには記述できません（C、D）。
サブモジュールをインポートするには、通常、相対インポートで記述します。__init__.pyに下記が記述してあると、import bookcardしただけで、bookcard.dumpが使えます（詳細は問7の解説を参照）。

例 サブモジュールを相対インポートする

```
from . import dump  # __init__.pyに記述する内容
```

dump_cardというモジュールは存在しないため、bookcard/__init__.pyに「import dump_card」を記述すると、インポート時にエラーになります（B）。

7. C

➡ P101

相対インポートに関する問題です。
ドット「.」を使ったインポートを**相対インポート**といいます。相対インポートは、パッケージ内のサブモジュールをインポートする方法で、サブモジュールに対してのみ実行できます。
相対インポートでは、次のようにサブモジュールを指定します。

書式 同じ階層から別サブモジュールをインポートする

```
from . import サブモジュール名
```

書式 1つ上の階層から別サブモジュールをインポートする

```
from .. import サブモジュール名
```

書式 同じ階層の別サブモジュールから名前をインポートする

```
from .サブモジュール名 import 名前
```

書式 1つ上の階層の別サブモジュールから名前をインポートする

```
from ..サブモジュール名 import 名前
```

※ ドット2つ(..)で、1つ上にある階層を参照する
※ 名前の指定には*も使える（from .サブモジュール名 import *）

設問のディレクトリ構成で考えてみます。

【設問のディレクトリ構成】

```
bookcard/
    __init__.py
    dump.py
    load/
        __init__.py   ← このファイルの内容を考える
        core.py
```

ここでは、パッケージloadに含めたいサブモジュールを相対インポートで指定します。bookcard/load/__init__.pyにとって同じ階層は、core.pyなので下記のように記述できます。

例 同じ階層から別サブモジュールをインポートする（A）

```
from . import core
```

また、bookcard/load/__init__.pyにとって1つ上の階層は、dump.pyなので下記のように記述できます。

例 1つ上の階層から別サブモジュールをインポートする（B）

```
from .. import dump
```

例 1つ上の階層の別サブモジュールから名前をインポートする（D）

```
from ..dump import *
```

dump.pyは同じ階層ではないので、from .dump import *とは書けません（C）。

インポート時にモジュールを調べる順番は、ビルトインモジュール、sys.pathに入っているパスの順になります。
sys.pathは変更可能ですが、通常、実行ファイルのディレクトリ、標準ライブラリの場所などが入っています。

第8章 ファイル入出力

- open()関数
- ファイルの読み込み
- ファイルの書き込み
- with文の処理
- JSON形式の入出力

□ **1.** open()関数のmode引数について誤っているものを選択してください。（1つ選択）

A. "ab"を指定すると、バイナリモードで追加書き込みできる
B. "b"を指定すると、バイナリモードで読み込みできる
C. "r"を指定すると、テキストモードで読み込みできる
D. "wb"を指定すると、バイナリモードで新規書き込みできる

➡ P114

□ **2.** 次のコードを実行してファイルの内容を読み込みたい場合、空欄①に入る記述として正しいものを選択してください。（1つ選択）

```
fp = open("sample.txt")
 ①
```

A. s = load(fp)
B. s = read(fp)
C. s = fp.load()
D. s = fp.read()

➡ P115

□ **3.** 下記のプログラムを実行したときの説明として誤っているものを選択してください。(1つ選択)

```
fp1 = open("file1")
s1 = fp1.read()
with open("file2") as fp2:
    s2 = fp2.read()
print(s1)
print(s2)
```

A. fp2.read()を実行している時点でfp1は閉じられていない
B. fp2.read()で例外が発生しても、fp2は閉じられる
C. print(s1)を実行している時点で、fp1もfp2も閉じられている
D. プログラムが終了した時点で、fp1もfp2も閉じられている

➡ P115

□ **4.** 次のコードを実行して1行ずつファイルを読み込んで出力します。空欄①に入る記述として誤っているものを選択してください。(1つ選択)

```
fp = open("sample.txt")
for s in [ ① ]:
    print(s)
```

A. fp
B. fp.read()
C. fp.readlines()
D. list(fp)

➡ P116

□ **5.** 次のコードを実行してファイルに出力したい場合、空欄①に入る記述として正しいものを選択してください。(1つ選択)

```
fp = open("sample.txt", "w")
[ ① ]
fp.close()
```

A. `dump(fp, "...")`
B. `write(fp, "...")`
C. `fp.dump("...")`
D. `fp.write("...")`

➡ P116

□ **6.** 次のコードを実行してファイルにJSON形式で出力します。空欄①に入る記述として誤っているものを選択してください。(1つ選択)

```
import json

data = [{"id": 1}, {"id": 2}]
fp = open("sample.json", "w")
[ ① ]
fp.close()
```

A. `json.dump(data, fp)`
B. `json.dumps(data, fp)`
C. `json.dump(fp=fp, obj=data)`
D. `fp.write(json.dumps(data))`

➡ P117

□ **7.** 次のコードを実行してファイルからJSON形式で読み込みます。空欄①に入る記述として正しいものを選択してください。(1つ選択)

```
import json

fp = open("sample.json")
[   ①   ]
```

A. `s = json.load(fp)`
B. `s = json.loads(fp)`
C. `s = json.read(fp)`
D. `s = json.reads(fp)`

➡ P118

第8章　ファイル入出力
解　答

1. B

➡ P110

open()関数のモードに関する問題です。
open()関数は、ファイルの操作に使用できる関数です。mode引数を追加することで、ファイルの開き方（読み込み用、書き込み用など）を指定できます。

書式　ファイルを開く（開き方を指定する）

```
open("ファイル名", mode="モード")
```

mode引数は、主に下記の文字を組み合わせて使用します（例："rb"）。

【mode引数】

使用文字	意味
"r"	読み込み専用
"r+"	読み書き両用
"w"	新規書き込み
"a"	追加書き込み
"b"	バイナリモード

テキストモードの読み込み専用で開くには、"r"を使用します（C）。また、モードを省略すると"r"とみなします。
バイナリモードで新規に書き込むには、"wb"を使います（D）。
バイナリモードで追加で書き込むには、"ab"を使います（A）。
バイナリモードで読み込むには、"rb"を使います。このとき、"b"だけの指定はできません（B）。

試験対策

- open()関数のmode引数では、開き方を指定する
- バイナリモードでは、読み込みなどのモードも追記する
- 引数を省略した場合は、テキストモードで読み込みになる

2. D

➡ P110

ファイルの読み込みに関する問題です。
ファイルの内容を読み込むには、**read()メソッド**を使用します。設問のようにfpをファイルオブジェクトとした場合は、`fp.read()`とすることでファイルの内容を取得できます（**D**）。

`load()`や`read()`という組み込み関数はないので、実行するとNameErrorになります（A、B）。また、`fp.load()`というメソッドは存在しないので、実行するとAttributeErrorになります（C）。

3. C

➡ P111

with文に関する問題です。
設問のコードでは、fpをファイルオブジェクトとしています。`open()`関数の返り値であるファイルオブジェクトは、ファイルの処理後に閉じる必要があります。閉じるには、**close()メソッド**を使用します（A）。
また、**with文**を使うことで、この閉じる処理が自動で行われます。この処理は、例外が発生したときにも行われます（B）。

書式 ファイルを開く／閉じる

```
with open("ファイル名") as 変数:
    # ファイルの処理
```

1つのファイルオブジェクトでwithを使っても、別のファイルオブジェクトが閉じられることはありません（**C**）。

【設問のコードの処理】

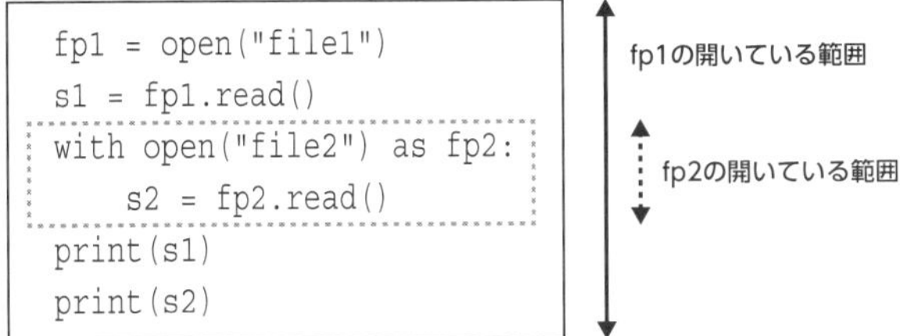

```
fp1 = open("file1")
s1 = fp1.read()
with open("file2") as fp2:
    s2 = fp2.read()
print(s1)
print(s2)
```


なお、プログラムが終了する際にすべてのファイルオブジェクトが閉じられます（D）。このため、すぐ終了する場合は、閉じる処理を省略できます。

4. B

➡ P111

ファイルを1行ずつ処理する方法に関する問題です。
ファイルオブジェクトは、リストと同様な反復可能体の1つです。反復可能体は、for文で繰り返すことにより、要素を1つずつ取り出せます。設問のようにfpをファイルオブジェクトとした場合は、下記のようにforで繰り返すことで1行ずつファイルから読み込めます（A）。

例 ファイルを1行ずつ読み込む

```
for s in fp: # 変数sに1行入る
```

また、上記の代わりに、for s in fp.readlines():と書いても1行ずつ処理します（C）。list(fp)は、fp.readlines()と同じ意味です（D）。

なお、for s in fp.readlines():やfor s in list(fp):は、ファイル内容をすべて読み込んでから行ごとに分けているため、上の例に比べてメモリを余計に消費します。したがって、このような記述は避けるべきです。

fp.read()が処理するのは、「ファイル全体の文字列」になります。そのため、for s in fp.read():と記述すると、1行ずつではなく「1文字ずつ」の処理になります（**B**）。

5. D

➡ P112

ファイルの書き込みに関する問題です。
ファイルにデータを書き込むには、**write()メソッド**を使用します。設問のように、fpをテキストモードのファイルオブジェクトとした場合は、fp.write(文字列)とすることで文字列を書き込めます（**D**）。

dump()やwrite()という組み込み関数はないので、実行するとNameErrorになります（A、B）。また、fp.dump()というメソッドは存在しないので、実行するとAttributeErrorになります（C）。

6. B

➡ P112

JSON形式の書き込みに関する問題です。

JSON（JavaScript Object Notation）とは、JavaScriptのオブジェクト表記を用いたデータ交換用フォーマットのことです。Pythonで作成したオブジェクトをJSON形式で書き込むには、**json.dump()メソッド**を使用します。設問のように、`fp`をテキストモードのファイルオブジェクトとした場合は、下記のように記述します（A）。

例 JSON形式で書き込む①

```
json.dump(data, fp)
          ↑ JSON形式に変換するオブジェクト
```

キーワード引数を使えば、同じことを`json.dump(fp=fp, obj=オブジェクト)`のように記述できます（C）。

また、下記のように**json.dumps()メソッド**を使用しても、オブジェクトからJSON形式の文字列を生成できます（D）。

例 JSON形式で書き込む②

```
fp.write(json.dumps(data))
                    ↑ JSON形式に変換するオブジェクト
```

`json.dumps()`は、JSON形式の文字列を返す関数なので、`json.dumps(オブジェクト, fp)`のようには`fp`を引数で渡せません（**B**）。

オブジェクトから文字列表現などに変えることをシリアライズといいます。`json.dump()`や`json.dumps()`がシリアライズをするメソッドです。

7. A

➡ P113

JSON形式の読み込みに関する問題です。
JSON形式のデータを読み込んで、Pythonのオブジェクトとして取得するには、**json.load()メソッド**を使用します。設問のように、fpをファイルオブジェクトとした場合は、下記のように記述します（**A**）。

例 JSON形式を読み込む①

```
json.load(fp)
```

なお、次のように**json.loads()メソッド**を使用しても、JSON形式の文字列からオブジェクトを生成できます。

例 JSON形式を読み込む②

```
json.loads(fp.read())
```

⬆ JSON形式の文字列

json.loads()の第1引数には文字列が必要なので、json.loads(fp)のようにfpを指定するとTypeErrorになります（B）。

json.read()やjson.reads()という関数は存在しないので、実行するとAttributeErrorになります（C、D）。

文字列表現などからオブジェクトに変えることをデシリアライズといいます。json.load()やjson.loads()がデシリアライズをするメソッドです。

9

例外処理

- 構文エラー
- 例外処理
- raise文
- クリーンアップ動作

□ **1.** 次のコードを実行したときに起こるエラーとして正しいものを選択してください。(1つ選択)

```
a = "1,000'
print(int(a))
```

A. TypeError
B. ValueError
C. SyntaxError
D. NameError

➡ P123

□ **2.** 次のコードで起こりうる例外を処理するとき、空欄①に当てはまる記述として正しいものを選択してください。(1つ選択)

```
stocks = {"apple": 150, "banana": 190, "blueberry": 180}
key = input("値引きしたい果物:")
off_percent = input("値引き率(%):")
try:
    rate = (100 - int(off_percent)) / 100
    new_price = int(stocks[key] * rate)
    stocks[key] = new_price
except [ ① ]:
    print("エラーが発生しました")
```

A. (ValueError, KeyError)
B. (ValueError, NameError)
C. (TypeError, NameError)
D. (KeyError, NameError)

➡ P123

□ **3.** 次のコードでValueErrorを発生させるために、空欄①に当てはまる記述として正しいものを選択してください。(1つ選択)

```
try:
    [ ① ] ValueError("ValueErrorです")
except ValueError as error:
    print(error)
```

A. `throw`
B. `return`
C. `send`
D. `raise`

➡ P125

□ **4.** 次のコードを実行した結果として正しいものを選択してください。（1つ選択）

```
def divide(number, divider):
    try:
        answer = number / divider
        return answer
    except ZeroDivisionError:
        print("ゼロ除算が行われました")
    except TypeError:
        print("引数の型が不正です")
    finally:
        print("--finally節の処理--")


answer = divide(100, "0")
print(f"結果: {answer}")
```

A. 引数の型が不正です
--finally節の処理--
結果: None

B. ゼロ除算が行われました
結果: None

C. 引数の型が不正です
結果: None

D. ゼロ除算が行われました
--finally節の処理--
結果: None

➡ P125

第9章　例外処理
解　答

1.　C　➡ P120

構文エラーに関する問題です。
設問のコードでは、文字列定義の先頭の記号（ダブルクォート）と末尾の記号（シングルクォート）が一致していません。このようにPythonの文法として正しくないコードを実行すると、**構文エラー**（SyntaxError）になります(C)。

例　SyntaxErrorになるコード例

```
a = "1,000'  ← 先頭と末尾の記号が異なる
print(int(a))
```

2.　A　➡ P120

例外処理に関する問題です。
コードが文法として正しい場合でも、実行時にエラーが発生することがあります。このように、コードの実行中に起こるエラーを**例外**（exception）と呼びます。
引数のデータ型が誤っていたり、存在しない名前の変数を参照したときなどに例外は発生します。コードの実行中に発生すると、Pythonはエラーメッセージを表示して動作を停止します。

例外が起きたことを検知して、例外発生時の動作を実装するには、**try - except文**を使います。try節（try文で始まるブロック）の中には通常の処理を書き、except節（expect文で始まるブロック）ではtry節で発生しうる例外に対する処理を書きます。

設問のコードの中から、エラーが発生しうる箇所を確認してみましょう。

※次ページに続く

例 設問のコード

```
stocks = {"apple": 150, "banana": 190, "blueberry": 180}
key = input("値引きしたい果物:")
off_percent = input("値引き率(%):")
try:
    rate = (100 - int(off_percent)) / 100
                        ↑ int型に変換できない値が変数に入っている可能性がある
    new_price = int(stocks[key] * rate)
                        ↑ ディクショナリstocksに存在しないキー名が
                          変数に入っている可能性がある
    stocks[key] = new_price
except ① :
    print("エラーが発生しました")
```

int()関数にint型に変換できない値を与えると、ValueErrorという例外が発生します。**ValueError**は、データ型が合っていても、値が適切でない場合に発生する例外です（ValueErrorとTypeErrorの詳細は問4の解説の「参考」を参照）。また、ディクショナリに存在しないキーを参照しようとすると、**KeyError**という例外が発生します。
except節で複数の例外を処理するには、()の中に処理したい例外をすべて列挙します。ここでは、(ValueError, KeyError)と書きます（**A**）。

NameErrorは、未定義の変数（または関数）を使用すると発生するエラーです（B、C、D）。

except節の処理が不要のときは、下記のようにpassを書きます。

書式 except節の処理を無効にする

```
try:
    ⋮
except StopIteration:
    pass
```

3. D

➡ P121

例外を送出する方法に関する問題です。
raise文を使うことで、任意の例外を発生させられます（D）。
設問のコードを実行すると、try節の中でValueErrorが送出されます。その例外が、except節で処理されることで「ValueErrorです」と表示されます。

例 ValueErrorを送出する

```
try:
    raise ValueError("ValueErrorです")  ← raise文でValueErrorを送出
except ValueError as error:
    print(error)
```

4. A

➡ P122

例外処理でのクリーンアップ動作に関する問題です。
クリーンアップ動作とは、例外発生の有無に関わらず実行する処理です。try文に**finally節**を追加することで、クリーンアップ動作を定義できます。設問のコードは以下のように動作します。

例 クリーンアップ動作

```
def divide(number, divider):
    try:
        answer = number / divider  ← ②
        return answer
    except ZeroDivisionError:
        print("ゼロ除算が行われました")
    except TypeError:                      ┐
        print("引数の型が不正です")         ┘ ③
    finally:                               ┐
        print("--finally節の処理--")       ┘ ④⑤

answer = divide(100, "0")  ← ①
print(f"結果: {answer}")   ← ⑥
```

① divide()関数に引数として100と"0"を与える
② int型の値とstr型の値の除算のため、answer = number / dividerでTypeErrorが発生

③ 2つ目のexcept節でTypeErrorが捕捉され「引数の型が不正です」が表示される
④ finally節に定義された「--finally節の処理--」が表示される
⑤ finally節以降にはreturn文が定義されていないため、返り値はNoneとなる
⑥「結果: None」が表示される

したがって、実行結果は以下のようになります（A）。

【実行結果】

```
引数の型が不正です
--finally節の処理--
結果: None
```

Pythonがあらかじめ定義している「組み込み例外」の中には、TypeErrorという例外があります。ValueErrorと似たような原因なので、その違いを整理しておきましょう。

● TypeError
意図していないデータ型が与えられた場合や、データ型が対応していない演算を行った場合に発生します。下記の例では、数値と文字列の除算を行っているため、TypeErrorが発生します。

```
# TypeErrorになるコード例
answer = 100 / "0"
```

● ValueError
意図していない値が与えられた場合に発生します。たとえばint()関数の引数には「数値の文字列」が意図されますが、下記の例では「数値以外の文字列」が与えられています。この場合、引数のデータ型は正しくても、意図されない値であるため、ValueErrorが発生します。

```
# ValueErrorになるコード例
int("onetwothree")
```

第 10 章

クラスとオブジェクトの操作

- クラス定義
- インスタンス
- クラス変数
- インスタンス変数
- self
- 継承
- クラスの判定

☐ **1.** 次のコードはDuckクラスにクラス変数family、インスタンス変数birdsong、メソッドshow_familyを定義しています。コードが正しく実行されるとき、空欄①～⑤に入る記述の組み合わせとして正しいものを選択してください。(1つ選択)

```
class Duck:
    # クラス変数familyの定義
    [ ① ] = "Anatidae"

    # 特殊メソッド__init__の定義
    def __init__[ ② ]:
        # インスタンス変数birdsongの定義
        [ ③ ] = "quack"

    # show_familyメソッドの定義
    def show_family[ ④ ]:
        return f"Ducks belong to the family {[ ⑤ ]}."
```

A. ① self.family ② (self) ③ birdsong
④ (self) ⑤ family

B. ① family ② (self) ③ self.birdsong
④ (self) ⑤ self.family

C. ① self.family ② () ③ self.birdsong
④ () ⑤ self.family

D. ① family ② (self) ③ self.birdsong
④ () ⑤ family

➡ P133

☐ **2.** Duckクラスをインスタンス化するための記述として正しいものを選択してください。(1つ選択)

A. duck = Duck()
B. duck = new Duck()
C. duck = Duck(self)
D. duck = new Duck(self)

➡ P135

□ **3.** 次のコードを実行した結果として正しいものを選択してください。（1つ選択）

```
class Duck:
    def __init__(self):
        self.birdsong = "quack"

    def sing(self):
        birdsong = "ga-ga-"
        print(birdsong)
        print(self.birdsong)
        self.birdsong = "coin"
        print(self.birdsong)
        print(birdsong)


duck = Duck()
duck.sing()
```

A.
```
ga-ga-
quack
coin
ga-ga-
```

B.
```
quack
quack
coin
coin
```

C.
```
ga-ga-
ga-ga-
coin
coin
```

D.
```
ga-ga-
quack
coin
coin
```

➡ P136

☐ **4.** `Duck().show_birdsong()`を実行した結果として、以下の結果になるものを選択してください。（1つ選択）

【実行結果】

```
quack
ga-ga-
```

A.
```
class Duck:
    def __init__(self):
        self.birdsong = "quack"

    def change_birdsong(birdsong):
        birdsong = birdsong

    def show_birdsong():
        print(birdsong)
        change_birdsong("ga-ga-")
        print(birdsong)
```

B.
```
class Duck:
    def __init__(self):
        self.birdsong = "quack"

    def change_birdsong(self, birdsong):
        self.birdsong = birdsong

    def show_birdsong(self):
        print(birdsong)
        change_birdsong("ga-ga-")
        print(birdsong)
```

C.
```
class Duck:
    def __init__(self):
        self.birdsong = "quack"

    def change_birdsong(birdsong):
        birdsong = birdsong

    def show_birdsong():
        print(self.birdsong)
        self.change_birdsong("ga-ga-")
        print(self.birdsong)
```

D.
```
class Duck:
    def __init__(self):
        self.birdsong = "quack"

    def change_birdsong(self, birdsong):
        self.birdsong = birdsong

    def show_birdsong(self):
        print(self.birdsong)
        self.change_birdsong("ga-ga-")
        print(self.birdsong)
```

➡ P138

☐ **5.** `Bird`クラスを継承した`Duck`クラスを定義するための記述として正しいものを選択してください。(1つ選択)

A. `class Duck extend Bird:`
B. `class Duck Bird:`
C. `class Duck(extend Bird):`
D. `class Duck(Bird):`

➡ P138

□ **6.** あるオブジェクトがあるクラスのインスタンスであるかを判定する関数として正しいものを選択してください。(1つ選択)

A. `isinstanceof()`
B. `type()`
C. `isinstance()`
D. `istypeof()`

➡ P140

第10章　クラスとオブジェクトの操作
解　答

1.　B

➡ P128

クラス定義に関する問題です。

クラスとは、データと機能を1つにまとめる仕組みのことです。新しいオブジェクトの雛形として利用できます。

クラスを使うことで、同じ構成要素（データ、機能）を持ったオブジェクトを効率的に生成できます。クラスから生成されたオブジェクトを**インスタンス**と呼びます。

【クラスとオブジェクトの関係】

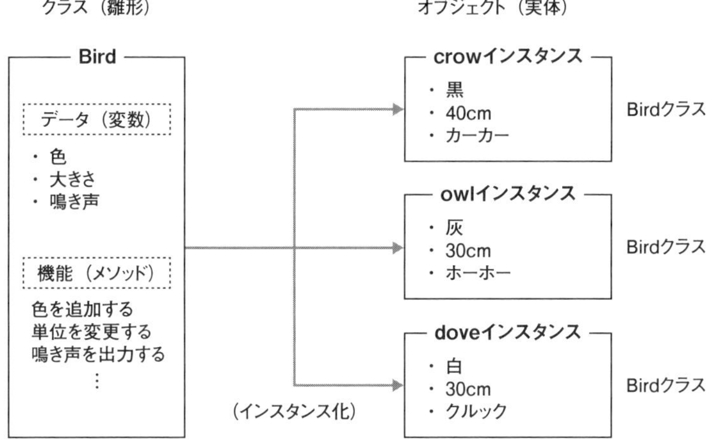

Pythonにおけるクラスは、**class**から始まるクラス定義文で記述します。

クラス名は、`SampleClass`のように各単語の頭文字を大文字にするのが慣例となっています。

クラスを構成する要素には、クラス変数、インスタンス変数、メソッドがあります。

書式 クラス定義

```
class クラス名:
    クラス変数名 = 値

    def __init__(self, 引数2, ...):
        self.インスタンス変数名 = 値
        ⋮

    def メソッド名(self, 引数2, ...):
        # 処理内容
        ⋮
```

● **クラス変数**

クラスで保持する変数で、そのクラスのすべてのインスタンスで共有されます。

クラス変数はクラスの直下に定義します。通常の変数のように「変数名 = 値」の書式で記述します(①)。選択肢A、Cは、クラス変数の定義方法が誤っているため不正解です。

● **インスタンス変数**

インスタンスごとに固有の変数です。

インスタンスを初期化するための特殊メソッドである`__init__()`メソッドの中で定義します。`__init__()`メソッドには、`self`という引数を与えます(②)。選択肢Cは、`self`を与えていないため不正解です。

インスタンス変数は、「`self.変数名 = 値`」の書式で定義します(③)。選択肢Aは、`self.`を付けていないため不正解です。

● **メソッド**

クラスに定義された関数です。

メソッドの定義の仕方は関数と同じですが、第1引数に`self`を与えます(④)。第1引数に`self`を与えていないため選択肢C、Dは不正解です。

メソッド内でクラス変数を参照する場合は、`self.`を付ける必要があります(⑤)。そのため、`show_family()`メソッドで参照しようとしているクラス変数`family`に`self.`が付いていない選択肢A、Dは不正解です。

したがって、クラス定義として正しいコードは次のようになります(B)。

例 クラス定義

```
class Duck:
    # クラス変数familyの定義
    family = "Anatidae"                    ← ①

    # 特殊メソッド__init__の定義
    def __init__(self):                    ← ②
        # インスタンス変数birdsongの定義
        self.birdsong = "quack"            ← ③

    # show_familyメソッドの定義
    def show_family(self):                 ← ④
        return f"Ducks belong to the family {self.family}." ← ⑤
```

selfは、そのクラスのインスタンスを表します。selfはメソッドの呼び出し元で引数に渡す必要はありません。Pythonが自動的に、呼び出されたメソッドの第1引数としてインスタンスを渡してくれます。

2. A

➡ P128

クラスのインスタンス化に関する問題です。
インスタンス化は、関数の実行と同様に「変数名 = クラス()」の書式で行います（**A**）。クラス()は「インスタンスを返り値とする関数」と捉えるとよいでしょう。

例 クラスのインスタンス化

```
duck = Duck()
```

また、次のように__init__()メソッドを定義することで、インスタンス化時の処理を記述できます。
このメソッドの第1引数であるselfは、そのクラスのインスタンスを表す特殊な引数です。第2引数以降は、呼び出し元から渡された引数をそのまま受け取ります。

例 インスタンス化時の処理の記述

```
class Duck:
    def __init__(self, birdsong):
        # インスタンス変数birdsongの値を、
        # 引数birdsongの値で初期化する
        self.birdsong = birdsong

    def sing(self):
        return self.birdsong

duck = Duck("quack")
```

上記のようにインスタンスを作成すると、第2引数のbirdsongに"quack"が渡ります。

3. A

➡ P129

インスタンス変数の参照と変更に関する問題です。
メソッド内にインスタンス変数と同名の変数がある場合、それらは別の変数として扱われます。設問のコードでは、sing()メソッド内のローカル変数birdsongとインスタンス変数birdsongは異なります。
メソッド内でインスタンス変数を参照・変更する場合は、変数名の先頭にself.を付ける必要があります。

これらを踏まえると、設問のコードは以下のように実行されます。

例 メソッド内でインスタンス変数を参照・変更する

```
class Duck:
    def __init__(self):
        # インスタンス初期化時にインスタンス変数birdsongに
        # "quack"を代入する
        self.birdsong = "quack"

    def sing(self):
        # メソッド内のローカル変数birdsongへの代入
        # インスタンス変数birdsongには影響しない
        birdsong = "ga-ga-"
        print(birdsong)
        print(self.birdsong)
```

```
        # インスタンス変数birdsongの値を変更。"coin"が代入される
        self.birdsong = "coin"
        # coinが表示される
        print(self.birdsong)
        # メソッド内のローカル変数birdsongは変更されて
        # いないため、ga-ga-が表示される
        print(birdsong)


duck = Duck()
duck.sing()
```

したがって、コードの実行結果は次のようになります（**A**）。

【実行結果】

```
ga-ga-
quack
coin
ga-ga-
```

これまで見てきたとおり、クラスのインスタンスを表す引数の名前には、慣例としてselfが用いられています。self以外を使うことは間違いではないですが、一般には推奨されません。プログラムの読みやすさを考慮するとselfにするのが望ましいでしょう。

以下の2つのコードはどちらも正常に実行できます。

例 selfを引数にする場合

```
class Duck:
    def __init__(self):
        self.birdsong = "quack"

duck = Duck()
print(duck.birdsong)
```

例 self以外を引数にする場合

```
class Duck:
    def __init__(my):
        my.birdsong = "quack"

duck = Duck()
print(duck.birdsong)
```

4. D

➡ P130

メソッド内で、同一クラスに定義された他のメソッドを呼び出す方法に関する問題です。他のメソッドを呼び出す際は、メソッド名の先頭にself.を付けます（D）。

例 同一クラス内の別メソッドを呼び出す

```
class Duck:
    def __init__(self):
        self.birdsong = "quack"              ← 先頭にself.を付ける

    def change_birdsong(self, birdsong):
        self.birdsong = birdsong             ← 先頭にself.を付ける

    def show_birdsong(self):
        print(self.birdsong)               ┐
        self.change_birdsong("ga-ga-")     ├ 先頭にself.を付ける
        print(self.birdsong)               ┘
```

5. D

➡ P131

派生クラスを定義する方法についての問題です。

Pythonでは、定義済みのクラスを基にして、別のクラスを作成できます。これをクラスの**継承**と呼びます。

このとき、継承元になるクラスを**基底クラス**、継承先になるクラスを**派生クラス**と呼びます。

あるクラスを継承すると、派生クラスは基底クラスから、クラス変数、インスタンス変数、メソッドを受け継ぎます。

派生クラスを定義するには、定義文の括弧「()」内に基底クラスを指定します（D）。

例 派生クラスの定義

```
class Duck(Bird):
```

あるクラスを継承するときに、基底クラスと同名のクラス変数、インスタンス変数、メソッドを定義した場合、それらは上書きされます。

```
# 基底クラスの作成
class Greeting:
    lang = "en"

    def __init__(self, name):
        self.name = name

    def get_hello(self):
        return f"Hello, {self.name}"


# 派生クラスの作成
class GreetingJa(Greeting):
    lang = "ja" # 基底クラスのクラス変数langを上書き

    # 基底クラスのget_hello()メソッドを上書き
    def get_hello(self):
        return f"こんにちは {self.name} さん"


greeting = GreetingJa("太郎")
print(greeting.lang) #「ja」と表示される
# Greetingを継承しているため、get_hello()メソッドを使える
#「こんにちは 太郎 さん」と表示される
print(greeting.get_hello())
```

6. C

➡ P132

オブジェクトが、どのような型（データ型やクラスのインスタンス）であるかを判定する方法に関する問題です。
Pythonには、オブジェクトの型を判定する関数が用意されています。

type()関数は、引数に指定したオブジェクトの型を返す関数です（B）。

例 オブジェクトの型を調べる

```
print(type("Python")) # <class 'str'>と表示される
print(type(123)) # <class 'int'>と表示される
```

ただし、type()関数では、「"Python"はstr型のインスタンスか」「duckはBirdクラスのインスタンスか」というような「判定」は行えません。

オブジェクトの型やクラスを判定するには、**isinstance()関数**を使います（C）。第1引数に判定したいオブジェクトを指定し、第2引数に型やクラスを指定します。
以下のコードでは、"Python"という文字列がstr型のインスタンスであることを判定しています。

例 str型か否かを判定する

```
print(isinstance("Python", str)) # Trueと表示される
```

"Python"という文字列がint型のインスタンスであるか、という判定に対してはFalseが返ります。

例 int型か否かを判定する

```
print(isinstance("Python", int)) # Falseと表示される
```

isinstance()およびtype()は、組み込み関数として用意されています。
isinstanceof()およびistypeof()は、Pythonの組み込み関数には存在しません（A、D）。

isinstance()関数は、インスタンスが基底クラスのオブジェクトかどうかも判定できます。たとえば、クラスDuckがクラスBirdを継承した派生クラスの場合、第1引数にクラスDuckのインスタンス、第2引数にクラスBirdを指定してもTrueとなります。

```
class Bird:
    ⋮

class Duck(Bird):
    ⋮

duck = Duck()
print(isinstance(duck, Duck)) # Trueと表示される
print(isinstance(duck, Bird)) # Trueと表示される
```

また、クラスそのものを対象にして、クラスBがクラスAから派生していることを判定する場合には、issubclass()関数を使います。

```
# クラスDuckがクラスBirdから派生していることを判定する
print(issubclass(Duck, Bird))  # Trueと表示される
```

第11章

標準ライブラリ

- OSの操作
- ワイルドカード
- コマンドライン引数
- 数学・統計
- 日付と時刻
- 単体テスト
- ネットアクセス
- 出力データの整形

□ **1.** osモジュールについて、①をカレントディレクトリを取得する関数、②をカレントディレクトリを移動する関数としたとき、組み合わせとして正しいものを選択してください。(1つ選択)
なお、カレントディレクトリとは、Pythonのプログラムを実行中のディレクトリを意味します。

A. ① os.getcwd ② os.cd
B. ① os.getcwd ② os.chdir
C. ① os.pwd ② os.cd
D. ① os.pwd ② os.chdir

➡ P151

□ **2.** globモジュールについて、カレントディレクトリにある拡張子が.pyであるファイル名のリストを取得する方法として正しいものを選択してください。(1つ選択)

A. glob.glob(".py")
B. glob.glob("*.py")
C. glob.glob(".*.py")
D. glob.glob("%.py")

➡ P151

□ **3.** 「python check.py 1 2」を実行して['check.py', '1', '2']が表示されるとき、次のファイルcheck.pyの空欄①に入る記述として正しいものを選択してください。(1つ選択)

【check.py】

```
import sys

print( ① )
```

A. sys.argument
B. sys.args
C. sys.argv
D. sys.iter

➡ P151

□ **4.** 次のファイルparse.pyを「python parse.py --head=1 2 3」と実行した結果として正しいものを選択してください。（1つ選択）

【parse.py】

```
import argparse

parser = argparse.ArgumentParser()
parser.add_argument("--head")
parser.add_argument("body", nargs="+")
args = parser.parse_args()
print(args)
```

A. Namespace(body=['1', '2', '3'])
B. Namespace(head='1', body=['2', '3'])
C. Namespace(head=['1'], body=['2', '3'])
D. Namespace(head='1', body=['1', '2', '3'])

➡ P152

□ **5.** 次のコードを実行した結果として最も適切なものを選択してください。（1つ選択）

```
from math import log, pi

print(log(16, 2), pi)
```

A. 4.0 3.141592653589793
B. 4.0 6.283185307179586
C. 8.0 3.141592653589793
D. 8.0 6.283185307179586

➡ P153

☐ **6.** 次のコードを実行した結果として最も適切なものを選択してください。(1つ選択)

```
import random

for i in range(10):
    print(random.choice(range(10)))
```

A. 数字の0から9の10個が順番に出力される
B. 数字の0から9の10個が重複せずにランダムな順番で出力される
C. 数字の0から9のうち1個がランダムに出力される
D. 数字の0から9のうち重複を許して10個がランダムに出力される

➡ P153

☐ **7.** `random`モジュールを用いて「-1から1未満の乱数」を作成するコードとして最も適切なものを選択してください。(1つ選択)

A. `random.random() - 1`
B. `random.random(2) - 1`
C. `random.random(-1, 1)`
D. `random.random() * 2 - 1`

➡ P154

☐ **8.** 次のコードを実行した結果として正しいものを選択してください。（1つ選択）

```
import statistics

data = [-1, -1, -1, -1, 4]

print(statistics.mean(data))
print(statistics.median(data))
print(statistics.variance(data))
```

A.
```
0
-1
5
```

B.
```
0
-1
20
```

C.
```
-1
0
5
```

D.
```
-1
0
20
```

➡ P154

☐ **9.** `urllib.request`モジュールについて、インターネット上のURLからデータを取得する関数として正しいものを選択してください。（1つ選択）

A. `urllib.request.geturl`
B. `urllib.request.open`
C. `urllib.request.openurl`
D. `urllib.request.urlopen`

➡ P155

☐ **10.** 次のコードを実行した結果「2000-12-31」が表示されるとき、空欄①に当てはまる記述として正しいものを選択してください。(1つ選択)

```
from datetime import datetime

dt = datetime(2000, 12, 31)
print( ① )
```

A. dt.strftime("%Y-%m-%d")

B. dt.strftime(2000, 12, 31)

C. dt.strftime("{year}-{month}-{day}")

D. dt.strftime(
    "{}-{}-{}", dt.year, dt.month, dt.day
)

➡ P155

☐ **11.** 次のコードを実行した結果として正しいものを選択してください。(1つ選択)

```
from datetime import date

dt1 = date(2001, 1, 1)
dt2 = date(2002, 2, 2)
diff = dt2 - dt1
print(diff.days)
```

A. -1
B. 1
C. 32
D. 397

➡ P156

□ **12.** 次のコードを`-m unittest`を付けて実行し、以下の実行結果が表示されるとき、空欄①に入る記述として正しいものを選択してください。（1つ選択）

```
import unittest
import mod

class TestSample(unittest.TestCase):
    def test_it(self):
        actual = mod.calc(2, 3)  # 6を返す
        expected = 5
        [    ①    ]
```

【実行結果】

```
（略）
AssertionError: 6 != 5
（略）
```

A. `assert actual == expected`
B. `assertEqual(actual, expected)`
C. `self.assert(actual == expected)`
D. `self.assertEqual(actual, expected)`

➡ P157

□ **13.** 次のコードを実行して、期待する結果が表示されるとき、空欄①に入る記述として正しいものを選択してください。（1つ選択）

```
lines = [f"sample test string {i:04}" for i in range(3)]

①
```

【期待する結果】

```
['sample test string 0000',
 'sample test string 0001',
 'sample test string 0002']
```

A. `print(lines)`

B. `print(",\n".join(lines))`

C.
```
import textwrap

print(textwrap.fill(", ".join(lines), width=24))
```

D.
```
import pprint

pprint.pprint(lines)
```

➡ P158

第11章　標準ライブラリ
解　答

1.　B

➡ P144

OSの操作に関する問題です。

osモジュールには、ファイルやディレクトリを操作する関数が定義されています。os.getcwd()でカレントディレクトリを取得したり、os.chdir(移動先)でカレントディレクトリを移動したりできます（B）。

LinuxなどのOSでは、ディレクトリの取得または移動に、「pwd」や「cd　移動先」といったコマンドが使用できます。しかし、osモジュールにos.pwd()やos.cd()という関数は存在しません（A、C、D）。

2.　B

➡ P144

ワイルドカード表記によるファイル一覧の取得に関する問題です。

glob.glob(パターン)を使うと、ファイル名がパターンにマッチするファイルの一覧を取得できます。パターンが"*.py"であれば、カレントディレクトリの拡張子が.pyのファイルのリストを取得します（B）。

パターンの*はワイルドカードを意味する文字です。ワイルドカードは、任意の文字の並びにマッチします。ただし、*は、「.」で始まるファイルには対応しません。

パターンが".py"の場合、.pyだけがマッチ可能です（A）。
パターンが".*.py"の場合、.で始まり.pyで終わるファイルにマッチ可能です（C）。
パターンが"%.py"の場合、%.pyだけがマッチ可能です（D）。

3.　C

➡ P144

コマンドライン引数に関する問題です。

コマンドライン引数は、プログラムの実行時に指定できる特殊な引数です。コマンドライン上でプログラム名の後に続けて入力すると、指定した引数の情報をプログラムに直接渡せます。

書式　コマンドライン引数の指定

```
python プログラム名.py 引数1 引数2 ...
```

コマンドライン引数は、sysモジュールの**argv属性**を使ってリストで取得できます。
たとえば、設問のようにpython check.py 1 2をコマンドラインで実行すると、sys.argvは['check.py', '1', '2']になります（**C**）。

sysモジュールに、argumentやargs、iterという属性は存在しません（A、B、D）。

4. B

➡ P145

argparseモジュールに関する問題です。
argparseモジュールのArgumentParser()を使っても、コマンドライン引数を取得できます。sysモジュールのargv属性よりも、扱いやすいコマンドラインのインターフェースを作成できます。

実際のコードで具体的に確認しましょう。まず、下記のようにファイルparse.pyを作成します。このファイルを、python parse.py --head=1 2 3のように実行したとします。

【parse.py】

```
import argparse

parser = argparse.ArgumentParser() ⬅①
parser.add_argument("--head")          ⎫
parser.add_argument("body", nargs="+") ⎭ ②
args = parser.parse_args() ⬅③
print(args) ⬅④
```

① parserの作成
最初に、parserという名前でパーサ（構文解釈器）のオブジェクトを作成します（ArgumentParserクラスのインスタンスとして作成）。

② 引数の情報を追加
作成したオブジェクトに、add_argument()メソッドで引数の情報を追加します。ここでは2種類の引数の情報（"--head"と"body"）を追加しています。
追加後は、コマンド実行時に2種類の引数（headとbody）が必要になります。1つは--head=値で、もう1つは1個以上の任意形式の引数です。nargs="+"が「1個以上」の指定です。

③ 引数の情報を取得

変数argsを作成し、引数の情報を代入します。parser.parse_args()メソッドを使うことで、引数の情報を取得できます。

④ 引数の情報を出力

引数の情報（args）を出力すると、下記のように2種類の引数の値を確認できます（B）。

【実行結果】

```
Namespace(head='1', body=['2', '3'])
```

--head=1の指定がhead='1'になり、2　3の指定がbody=['2', '3']になっていることが確認できます。

【引数と実行結果の対応関係】

コマンド	python parse.py --head=1 2 3
実行結果	Namespace(head='1', body=['2', '3'])

5. A

➡ P145

数学的な処理に関する問題です。

mathモジュールには、数学に用いる定数や関数が定義されています。

設問のlog()は対数を求める関数、piは円周率を参照する定数です。ここではlog(16, 2)とpiの出力結果を求めます。

log(値, 底)は、返り値を「n」とした場合、底のn乗が値になります。

log(16, 2)の16は、2の4乗なので、log(16, 2)の出力は「4.0」になります。

また、piの出力は「3.141592653589793」となります（A）。

6. D

➡ P146

乱数の生成に関する問題です。

randomモジュールには、乱数を生成するための関数が定義されています。

設問のrandom.choice()は、複数の候補から1つをランダムに選ぶ関数です。たとえば、random.choice(range(10))とすると、0から9のうち1個がランダムに選ばれます。また、下記のようにすると、0から9のうち10個がランダムに出力されます。

例 乱数（10個）を出力する

```
for i in range(10):
    print(random.choice(range(10)))
```

random.choice()は、過去の出力に関係なく選ぶので、10個の出力は重複する可能性があります（**D**）。

7. D

➡ P146

ランダム値の生成に関する問題です。
random.random()関数は、0以上1未満のランダムな値（小数）を返します。この関数に引数は指定できません（B、C）。

random.random() - 1とすると、-1以上0未満の値になります（A）。ここでは、返り値となる小数に対して「-1」の引き算を行っています。
同様に、random.random() * 2とすると、0以上2未満の値になります。
したがって、random.random() * 2 - 1は、-1以上1未満の値になります（**D**）。

8. A

➡ P147

数理統計に関する問題です。
statisticsモジュールには、数理統計に用いる関数が含まれています。設問では、整数のリスト[-1, -1, -1, -1, 4]に対して、以下の3つの関数による計算を行っています。

- statistics.mean()…………… データの平均を求める
- statistics.median()………… データの中央値を求める
- statistics.variance()…… データの不偏分散を求める

平均の値は、データの合計値を個数で割って求めます。
計算式は、(-1 + -1 + -1 + -1 + 4) / 5となり、結果は**0**です。

中央値は、データをソートしたときの中央の値です。
5個のデータでは小さい方から3番目の値なので、結果は**-1**です。

不偏分散は、平均との差の2乗の和を「データ数-1」で割って求めます。
計算式は、(1**2 + 1**2 + 1**2 + 1**2 + 4**2) / (5 - 1)となり、結果は**5**

です。以上から、選択肢**A**が正解です。

中央値を計算するのは`median()`です。`mean`と`median`を混同しないように注意しましょう。

9. D

➡ P147

インターネットアクセスに関する問題です。
`urllib.request`モジュールの`urlopen()`関数を使うと、引数で指定したURLのWebサイトからさまざまな情報を取得できます（**D**）。

例 Webサイトのソースを取得する

```
from urllib.request import urlopen

with urlopen("https://www.beproud.jp/careers/") as rs:
    s = rs.read().decode()
```

`urlopen()`は、組み込み関数の`open()`と同じように使えますが、対象のデータをバイナリモードで取得します。上記では、バイナリデータを文字列にするために`decode()`で変換しています。
`urllib.request`に、`geturl()`、`open()`、`openurl()`という関数は存在しません（A、B、C）。

10. A

➡ P148

日時の取得に関する問題です。
datetimeモジュールには、日付と時刻を扱うさまざまな関数が定義されています。設問のコードでは、`datetime()`関数を使用し、日時を表すdatetime型のオブジェクトを作成しています。

例 日時のオブジェクトを作成する

```
from datetime import datetime

dt = datetime(2000, 12, 31)
```

この変数dtを、2000-12-31のように決められた形式の文字列で表示するには、dt.strftime(フォーマット)のように記述します。第1引数の「フォーマット」には、文字列の表示形式を指定します（B）。
年月日を指定する場合は、dt.strftime("%Y-%m-%d")とすると、2000-12-31が表示されます（A）。

- %Y……4桁の年に変換
- %m……0詰めの2桁の月に変換
- %d……0詰めの2桁の日に変換

形式を指定する部分は、%とアルファベット1文字で構成されます（C、D）。%%とした場合は「%」のみを表示します。

strftime()には、ほかにも多数の表示形式が用意されています。詳細は、Pythonのオンラインドキュメントを参照してください。

- Pythonドキュメント「strftime()とstrptime()の書式コード」
  https://docs.python.org/ja/3/library/datetime.html#strftime-and-strptime-format-codes

11. D

➡ P148

datetimeモジュールの演算に関する問題です。
設問のコードでは、日付を表すdate型のオブジェクトを2個作成し、2つの日付の差分を求めています。日付の差分は、引き算で求めます。

例 日付の差分を取得する

```
from datetime import date

dt1 = date(2001, 1, 1)
dt2 = date(2002, 2, 2)
diff = dt2 - dt1
```

変数diffの中身は「2001年1月1日0時0分」から「2002年2月2日0時0分」までの時刻の差分を表すオブジェクトです。設問の最終行のコードでは、この差分の日数部分をdaysで取得しています。
2つの差分は、1年と1月と1日なので、これを日数に換算すると「365 + 31 + 1」で397になります（D）。

試験対策

date同士で引き算ができることを覚えておきましょう。

12. D

➡ P149

単体テストに関する問題です。
プログラムに含まれる個々の関数やメソッドに対して動作検証を行うことを、**単体テスト**といいます。Pythonで単体テストを実行するには、**unittestモジュール**を使用します。

一般的に、`unittest`による単体テストでは、テスト対象のモジュールとは別に、テスト実行側の.pyファイルを用意する必要があります。下記の例では、テスト実行側のファイルとして「tests.py」を作成しています。このtests.pyでは、`mod`モジュールに含まれる`calc()`関数に対して単体テストを行っています。

ファイルの作成後に、コマンドラインから「`python -m unittest`」のように実行すると、対象の関数やメソッドのテスト結果を確認できます。

例 unittestで単体テストを行う

```
# tests.pyの処理内容

import unittest
import mod  # テスト対象をインポートする

class TestSample(unittest.TestCase):
    def test_it(self):
        actual = mod.calc(2, 3)  ⬅ テスト対象の実行結果
        expected = 5             ⬅ 期待する結果
        self.assertEqual(actual, expected)  ⬅ 結果が同じことを確認
```

テストの実行結果が期待する結果になっているかを確認するには、上記のように`self.assertEqual`を使います。`assertEqual`は継承元の`unittest.TestCase`で定義されています。結果が異なる場合は、どのように違うかを確認できます（D）。

【実行結果（一部のみ抜粋）】

```
# 結果が同じ場合の最終行
OK

# 結果が異なる場合の途中の出力
AssertionError: 6 != 5
```

self.assertEqualの代わりにassertも使えますが、その場合どのように違うかを確認できません（A）。
なお、assertはPythonのキーワードなので、self.assertと書くと構文エラーになります（C）。assertEqualという組み込み関数もありません（B）。

13. D ➡ P150

出力データの整形に関する問題です。
設問の出力では、文字列のリストを要素ごとに改行しています。
print()関数は、リスト型のデータを出力できますが、要素ごとの改行は行いません（A）。これに対し、pprintモジュールのpprint()関数は、1行が80文字を超えると要素ごとに改行します（**D**）。

例 リストを改行して出力する①

```
import pprint

pprint.pprint(lines)
```

【実行結果】

```
['sample test string 0000',
 'sample test string 0001',
 'sample test string 0002']
```

なお、下記のようにしても要素ごとに改行されますが、角括弧「[]」などが表示されないため、期待する出力とは異なります（B）。

例 リストを改行して出力する②

```
print(",\n".join(lines))
```

【実行結果】

```
sample test string 0000,
sample test string 0001,
sample test string 0002
```

また、textwrapモジュールのfill()関数を使うと、widthで指定した幅に収まるように整形しますが、期待する出力とは異なります（C)。

例 リストを改行して出力する③

```
import textwrap

print(textwrap.fill(", ".join(lines), width=24))
```

【実行結果】

```
sample test string 0000,
sample test string 0001,
sample test string 0002
```

第12章

Python仮想環境とサードパーティパッケージの利用

■ 仮想環境の導入

■ 外部パッケージ

■ パッケージ管理

□ **1.** 仮想環境の特徴として最も適切なものを選択してください。(1つ選択)

A. 仮想環境で使うPythonのバージョンは作成時に指定できない
B. 仮想環境の作成場所は省略できる
C. 仮想環境が複数あるとき、異なるバージョンのパッケージをそれぞれの仮想環境にインストールできる
D. ある仮想環境のパッケージのバージョンを更新すると、別の仮想環境にも影響する

➡ P164

□ **2.** UnixやmacOSにおいて仮想環境を使用する場合、導入時に必要なコマンドとして最も適切なものを選択してください。(1つ選択)

A.
```
python3 -m venv venv
source venv/bin/activate
```

B.
```
python3 -m venv venv
source activate
```

C.
```
python3 venv.py venv
source venv/bin/activate
```

D.
```
python3 venv.py venv
source activate
```

➡ P165

☐ **3.** コマンドとその説明の組み合わせとして誤っているものを選択してください。(1つ選択)

A. パッケージを新規にインストールすると、最新バージョンがインストールされる
`python -m pip install requests`

B. パッケージを新規にインストールするときに、バージョンを指定してパッケージをインストールする
`pip install requests==2.27`

C. インストール済みのパッケージを再インストールすると、最新バージョンに更新される
`pip install requests`

D. インストール済みの状態から、パッケージのバージョンを変更する
`pip install requests==2.28`

➡ P166

☐ **4.** インストール済みのパッケージ一覧を表示する方法として正しいものを選択してください。(1つ選択)

A. `pip install --list`
B. `pip list`
C. `pip packages`
D. `pip show`

➡ P166

第12章　Python仮想環境とサードパーティパッケージの利用
解　答

1. C ➡ P162

仮想環境についての問題です。

仮想環境（virtualenv：virtual environment）を導入すると、複数のPythonの実行環境を目的に応じて使い分けられます。たとえば、最新の実行環境で動かないプログラムがある場合に、古い実行環境を仮想環境として残しておき、必要なときに切り替えて使うといったことが可能になります。

【仮想環境のイメージ図】

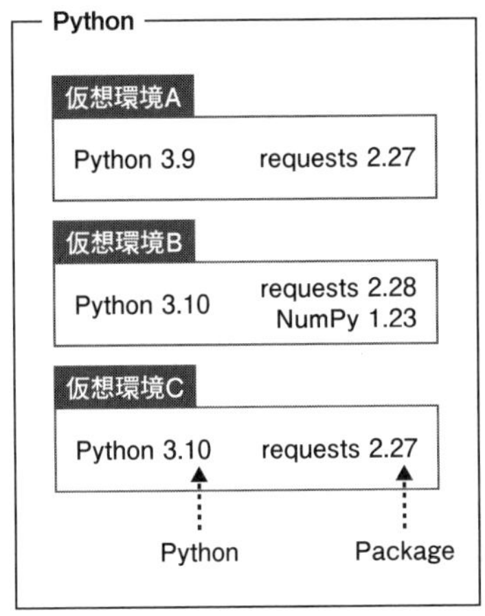

Pythonと外部パッケージの
自由な組み合わせが可能になる

使用するPythonのバージョンは、仮想環境ごとに指定できます。OSに複数バージョンのPythonがインストール済みなら、仮想環境の作成時にPythonのバージョンを指定できます（A）。

使用する外部パッケージの種類とバージョンも選択できます（C）。このとき、1つの仮想環境でパッケージのバージョンを変更しても、別の仮想環境のバージョンは変更されません（D）。

仮想環境を作成するディレクトリは、コマンドで指定する必要があります（B）。このディレクトリの中には、Pythonのインタープリタ本体やパッケージ、仮想環境を有効化するスクリプトなどが含まれます。

・仮想環境を使うことで、異なるバージョンのPythonやパッケージを扱える
・仮想環境に使うバージョンのPythonは、あらかじめインストールしておく必要がある

2. A

➡ P162

仮想環境の導入方法についての問題です。
仮想環境の作成には、**venvモジュール**を使います。コマンドラインから以下のように実行すると、仮想環境用のディレクトリが作成されます（**A**）。ここで指定したディレクトリ名が、仮想環境の名前（virtualenv名）になります。

書式 仮想環境を作成する

```
python3 -m venv ディレクトリ名
```

※Windowsでは、python3の代わりにpythonを使う

作成直後の仮想環境には、最低限のパッケージだけが入っています（パッケージインストールの詳細は問3の解説を参照）。

UnixやmacOSにおいて、複数バージョンのPythonがインストール済みの場合にバージョンを指定するには、上記コマンドのpython3の部分をpython3.9やpython3.10のように変更します。

仮想環境に切り替える方法は、OSによって異なります。UnixやmacOSの場合は、下記のようなコマンドを実行して、仮想環境を有効化します（**A**）。

書式 仮想環境を有効化する（Unix、macOSの場合）

```
source ディレクトリ名/bin/activate
```

Windowsの場合は、下記のように実行します。

書式 仮想環境を有効化する（Windowsの場合）

```
ディレクトリ名¥Scripts¥activate.bat
```

有効化後は、いずれのOSでもpythonコマンドでPythonを起動できます。

3. C

➡ P163

サードパーティパッケージの使用に関する問題です。
標準ライブラリに含まれない外部パッケージは、**pipモジュール**を使ってインストールできます。

書式 外部パッケージのインストール①

```
python -m pip install パッケージ名
```

あるいは、下記のようにpipコマンドも使用できます（pipコマンドの詳細は問4の解説を参照）。

書式 外部パッケージのインストール②

```
pip install パッケージ名
```

いずれの方法でも、パッケージが未インストールの場合は、最新バージョンがインストールされます（A）。

特定のバージョンをインストールしたい場合は、下記のように指定します（B）。既にインストール済みの場合でも、バージョンの変更は可能です（D）。

書式 外部パッケージのインストール③

```
pip install パッケージ名==バージョン
```

既にインストール済みの場合は、バージョンを指定せずにインストールしても、最新バージョンがインストールされるわけではありません（C）。

4. B

➡ P163

pipコマンドに関する問題です。
Pythonには、パッケージ管理を行うための**pip**というツールが用意されています。コマンドラインからpipを実行すると、外部パッケージのインストールやパッケージ情報の取得などが行えます。

外部パッケージのインストールは「pip install パッケージ名」のように実行できます。ただし、pip install --listというオプションはありません（A）。
また、pip showコマンドでパッケージの詳細情報を確認できますが、「パッケージ名」の指定が必要です（D）。
pipにpackagesというコマンドは存在しません（C）。

インストール済みのパッケージ一覧を表示するには、pip listを実行します（B）。

なお、pip freezeでもインストール済みパッケージの一覧が出力されます。一般には、この出力をrequirements.txtというファイルに保存し、pip installの入力として使います。このようにしてファイルを介して環境間のパッケージを揃えられます。

第13章

総仕上げ問題

■ 試験時間：60分

■ 問題数：40問

■ 合格ライン：7割

□ **1.** Pythonの特徴として正しいものを選択してください。(1つ選択)

A. 文のグルーピングでは、グループの開始と終了に括弧を用いる
B. 変数や引数を使うときは、事前にデータ型の宣言が必要である
C. Pythonはインタープリタ言語である
D. 他のプログラミング言語で書かれたプログラムによる機能拡張には対応していない

➡ P191

□ **2.** 対話モードの特徴として正しいものを選択してください。(1つ選択)

A. プロンプトは、バージョン番号と開発者情報のメッセージの後に表示される
B. 一次プロンプトは「>>>」である
C. 二次プロンプトは「=>」である
D. 行を継続すると正しいインデントが提示される

➡ P191

□ **3.** 次のコードを実行した結果として表示されるものを選択してください。(1つ選択)

```
pi = 3.14
if pi == 3:
    print("piは3")
elif pi < 3:
    print("piは3より小さい")
elif pi > 3:
    print("piは3より大きい")
elif pi >= 3:
    print("piは3以上")
```

A. piは3
B. piは3より小さい
C. piは3より大きい
D. piは3以上

➡ P191

□ **4.** 次のコードを実行した結果として表示されるものを選択してください。(1つ選択)

```
x = "one"
y = "two"
x, y = y, x
print("x:", x, "y:", y)
```

A. x: "one" y: "two"
B. x: "one" y: "one"
C. x: "two" y: "two"
D. x: "two" y: "one"

➡ P192

□ **5.** 次のコードを実行した結果として正しいものを選択してください。(1つ選択)

```
x = 3**2 + 6 // 4
print(x)
```

A. 3
B. 7
C. 10
D. 11

➡ P192

□ **6.** 以下のコードを実行して「tauの値はおよそ6.283である」と表示する場合、空欄①に当てはまる記述として正しいものを選択してください。(1つ選択)

```
import math

print(f"tauの値はおよそ{ ① }である")
```

A. math.tau:3
B. math.tau:3f
C. math.tau:.3
D. math.tau:.3f

➡ P192

□ **7.** リストの特徴として正しいものを選択してください。(1つ選択)

A. 丸括弧内にカンマ区切りで記述する
B. インデックス1で、先頭の要素を指定できる
C. インデックスを指定して参照できるが更新できない
D. インデックス-1で、末尾の要素を指定できる

➡ P192

□ **8.** 次のコードを実行した結果として正しいものを選択してください。(1つ選択)

```
lst = [10, 20, 30, 40]
print(lst[3:], lst[:2])
```

A. [30, 40] [10, 20]
B. [40] [10, 20, 30]
C. [30] [10, 20]
D. [40] [10, 20]

➡ P193

□ **9.** Pythonのコーディングスタイルとして不適切なものを選択してください。(1つ選択)

A. インデントには空白4つを使うこと
B. ソースコードの幅が100文字を超えないように折り返すこと
C. インデントにタブを使わないこと
D. 可能なら、コメントは独立した行に書くこと

➡ P193

□ **10.** 次のコードを実行して期待する結果が表示されるとき、空欄①〜③に入る記述の組み合わせとして正しいものを選択してください。(1つ選択)

```
for i in [3, 4, 5, 15]:
    if i % 3 == 0 [ ① ] i % 5 == 0:
        print(f"{i}は、15の倍数")
    elif i % 3 == 0 [ ② ] i % 5 == 0:
        print(f"{i}は、3か5の倍数")
    [ ③ ]:
        print(f"{i}は、3の倍数でも5の倍数でもない")
```

【期待する結果】

```
3は、3か5の倍数
4は、3の倍数でも5の倍数でもない
5は、3か5の倍数
15は、15の倍数
```

A. ① or ② and ③ else
B. ① or ② and ③ not
C. ① and ② or ③ else
D. ① and ② or ③ not

➡ P194

☐ **11.** 次のコードでforが繰り返される回数として正しいものを選択してください。(1つ選択)

```
for i in range(1, 7, 2):
    print(i)
```

A. 2
B. 3
C. 4
D. 5

➡ P194

☐ **12.** 次のコードを実行した結果「p」が表示されるとき、空欄①に当てはまる記述として正しいものを選択してください。(1つ選択)

```
for ch in "Apple":
    if ch == "p":
        [ ① ]

print(ch)
```

A. else
B. break
C. return
D. continue

➡ P195

13. 関数で使用する変数の特徴として誤っているものを選択してください。(1つ選択)

A. 関数内で、グローバル変数への代入を行う場合は、global文を使う

B. global文のない関数内での変数への代入は、その関数のローカル変数として扱われる

C. 関数内では、関数の外側で定義された変数に値を直接代入できる

D. 関数内で定義したすべての変数は、関数の外側で参照できない

➡ P195

14. キーワード引数を使った関数を呼び出す方法として正しいものを選択してください。(1つ選択)

```
def function(x, y, z="foo", w="bar"):
    print(x, y, z, w)
```

A. `function(z="eggs", w="pork", "spam", "ham")`

B. `function("spam", "ham", "eggs", z="foo", w="pork")`

C. `function("spam", "ham", z="eggs", a="pork")`

D. `function("spam", "ham", z="eggs", w="pork")`

➡ P195

□ **15.** 次のコードを実行した結果として正しいものを選択してください。(1つ選択)

```
default_name = "Taro"

def hello1(name=default_name):
    return f"Hello {name}."

def hello2(name=None):
    if name is None:
        name = default_name
    return f"Hello {name}."


default_name = "Hanako"
print(hello1(), hello2())
```

A. `Hello Taro. Hello Taro.`
B. `Hello Taro. Hello Hanako.`
C. `Hello Hanako. Hello Taro.`
D. `Hello Hanako. Hello Hanako.`

➡ P196

□ **16.** 次のコードを実行して「foo_bar」と表示されるとき、空欄①に当てはまる記述として正しいものを選択してください。(1つ選択)

```
def concat(arg1, arg2, sep="/"):
    return sep.join([arg1, arg2])


words = ["foo", "bar"]
options = {"sep": "_"}
print( ① )
```

A. `concat(arg1, arg2=words, sep=options)`
B. `concat(*words, **options)`
C. `concat(words, sep=options)`
D. `concat(**words, **options)`

➡ P197

□ **17.** 次のコードを実行した結果として正しいものを選択してください。(1つ選択)

```
func = lambda a, b: (b * 3, a + 2)
x, y = 5, 6
p, q = func(x, y)
print(p, q)
```

A. 7 18
B. 5 6
C. 6 5
D. 18 7

➡ P197

☐ **18.** 次のコードを実行した結果として正しいものを選択してください。
(1つ選択)

```
data = [1, 2, 3, 4]
result = []
while data:
    result.append(data.pop())
print(result)
```

A. [0, 1, 2, 3]
B. [1, 2, 3, 4]
C. [4, 3, 2, 1]
D. IndexErrorになる

➡ P197

☐ **19.** リストの要素に関する記述として正しいものを選択してください。
(1つ選択)

A. [[1, 2], [3, 4, 5, 6]]のように、異なる長さのリストはリストの要素にできない
B. [[1, 2, 3, 4]]の長さは4である
C. [[1, 2], [3, 4]]の長さは4である
D. [[1, 2], [3, 4]]をリストの入れ子という

➡ P198

☐ **20.** 次のコードを実行した結果として正しいものを選択してください。（1つ選択）

```
def value(arg):
    return arg

result1 = value(0) and value(1) and value(2)
result2 = value(0) or value(1) or value(2)
print(result1, result2)
```

A. `True False`
B. `0 1`
C. `False True`
D. `0 2`

➡ P199

☐ **21.** 次のコードを実行した結果として正しいものを選択してください。（1つ選択）

```
for i, j in zip([1, 10, 100], [1, 2, 3]):
    print(i * j)
```

A.
```
1
12
103
```

B.
```
1
20
300
```

C.
```
10
100
6
```

D.
```
1
22
333
```

➡ P200

□ **22.** 以下のコードを実行したとき、タプルが生成されるものを選択してください。(1つ選択)

A. `sample_tuple = ["spam", "ham", "eggs"]`
B. `sample_tuple = {"spam", "ham", "eggs"}`
C. `sample_tuple = tuple("spam", "ham", "eggs")`
D. `sample_tuple = "spam",`

➡ P200

□ **23.** setの性質として正しいものを選択してください。(1つ選択)

A. 追加した要素の順序は保持されない
B. 2つのsetの差集合を求められない
C. append()メソッドで要素を追加できる
D. 重複する要素を持てる

➡ P200

□ **24.** 次のコードを実行した結果として表示されるものを選択してください。(1つ選択)

```
price = {"red": 180, "green": 250}
del price["red"]
price["blue"] = 230
price["orange"] = 120
price["green"] = 240
print(price)
```

A. `{'red': 180, 'blue': 230, 'green': 240, 'orange': 120}`
B. `{'orange': 120, 'blue': 230, 'green': 250}`
C. `{'red': 180, 'orange': 120, 'green': 250, 'blue': 230}`
D. `{'green': 240, 'blue': 230, 'orange': 120}`

➡ P201

25. 次のコードを「メインモジュールとしてgreeting()関数を実行したときのみ」その結果を表示させたい場合、空欄①に入る記述として正しいものを選択してください。(1つ選択)

```
def greeting():
    print("Bonjour")

[ ① ]
```

A.
```
if __main__ == "__name__":
    greeting()
```

B.
```
if __name__ == "__main__":
    greeting()
```

C.
```
if __module__ == "__name__":
    greeting()
```

D.
```
greeting()
```

➡ P201

26. 下記のディレクトリ構成を持つパッケージにおいて、サブモジュール「load.py」の属性をパッケージ「save」で読み込む必要があります。このとき、my_app/save/__init__.pyの内容として正しいものを選択してください。(1つ選択)

【ディレクトリ構成】

```
my_app/
    __init__.py
    load.py
    save/
        __init__.py
```

A. `from . import load`
B. `from ..load import`
C. `from ..load import *`
D. `from load import *`

➡ P201

□ **27.** open()関数のmode引数について誤っているものを選択してください。(1つ選択)

A. "r+"を指定すると、テキストモードで読み書きできる
B. "b"を指定すると、バイナリモードで読み込みできる
C. "ab"を指定すると、バイナリモードで追加書き込みできる
D. "wb"を指定すると、バイナリモードで新規書き込みできる

➡ P202

□ **28.** 次のコードを実行したときに起こるエラーとして正しいものを選択してください。(1つ選択)

```
data = [0, 1, 2]
for i data:
    print(i)
```

A. SyntaxError
B. ValueError
C. TypeError
D. NameError

➡ P202

□ **29.** 次のコードで起こりうる例外を処理するとき、空欄①に当てはまる記述として正しいものを選択してください。(1つ選択)

```
try:
    times = input("分割回数:")
    value = 100 / int(times)
    print(value)
except [ ① ]:
    print("エラーが発生しました")
```

A. (TypeError, NameError)
B. (ZeroDivisionError, TypeError)
C. (ValueError, ZeroDivisionError)
D. (NameError, ValueError)

➡ P203

□ **30.** 次のコードでValueErrorを発生させるために、空欄①に当てはまる記述として正しいものを選択してください。(1つ選択)

```
[ ① ] ValueError("ValueErrorです")
```

A. send
B. raise
C. throw
D. return

➡ P203

□ **31**. 次のコードを実行した結果として正しいものを選択してください。（1つ選択）

```
def divide(number, divider):
    try:
        answer = number / divider
        return answer
    except ZeroDivisionError:
        print("ゼロ除算が行われました")
    except TypeError:
        print("引数の型が不正です")
    finally:
        print("--finally節の処理--")


answer = divide(50.0, 0)
print(f"結果: {answer}")
```

A. ゼロ除算が行われました
--finally節の処理--
結果: None

B. 引数の型が不正です
結果: None

C. ゼロ除算が行われました
結果: None

D. 引数の型が不正です
--finally節の処理--
結果: None

➡ P203

32. 次のコードはDuckクラスにクラス変数family、インスタンス変数birdsong、メソッドshow_familyを定義しています。コードが正しく実行されるとき、空欄①～⑤に入る記述の組み合わせとして正しいものを選択してください。(1つ選択)

```
class Duck:
    [ ① ] = "Anatidae"

    def [ ② ]:
        [ ③ ] = "quack"

    def show_family[ ④ ]:
        return f"The duck belongs to the {[ ⑤ ]} family."
```

A. ① family ② __init__() ③ birdsong ④ () ⑤ family

B. ① self.family ② __init__() ③ birdsong ④ () ⑤ family

C. ① family ② __init__(self) ③ self.birdsong ④ (self) ⑤ self.family

D. ① self.family ② __init__(self) ③ self.birdsong ④ (self) ⑤ self.family

➡ P204

□ **33.** 次のコードを実行して、期待する結果が表示されるとき、空欄①、②に入る記述の組み合わせとして正しいものを選択してください。(1つ選択)

```
class Duck:
    def __init__(self):
        self.birdsong = "quack"

    def sing(self):
        [ ① ]
        print(birdsong)
        print(self.birdsong)
        [ ② ]
        print(self.birdsong)
        print(birdsong)


duck = Duck()
duck.sing()
```

【期待する結果】

```
ga-ga-
quack
coin
ga-ga-
```

A. ① self.birdsong = "quack"
② birdsong = "ga-ga-"

B. ① self.birdsong = "coin"
② birdsong = "ga-ga-"

C. ① birdsong = "ga-ga-"
② self.birdsong = "coin"

D. ① birdsong = "ga-ga-"
② self.birdsong = "quack"

➡ P205

□ **34.** globモジュールについて、カレントディレクトリにある拡張子が.txtであるファイル名のリストを取得する方法として正しいものを選択してください。(1つ選択)

A. glob.glob(".txt")
B. glob.findall(".txt")
C. glob.glob("*.txt")
D. glob.findall("*.txt")

➡ P206

□ **35.** 次のファイルmain.pyを「python main.py --command=show tokyo osaka」と実行した結果として正しいものを選択してください。(1つ選択)

【main.py】

```
import argparse

parser = argparse.ArgumentParser()
parser.add_argument("--command")
parser.add_argument("target", nargs="+")
args = parser.parse_args()
print(args)
```

A. Namespace(command=['show', 'tokyo', 'osaka'])
B. Namespace(target=['show', 'tokyo', 'osaka'])
C. Namespace(command=['show'], target=['tokyo', 'osaka'])
D. Namespace(command='show', target=['tokyo', 'osaka'])

➡ P206

☐ **36.** 次のコードの説明として誤っているものを選択してください。(1つ選択)

```
import re

s = "tic tac tac toe"
print(re.sub(r"([a-z]+) \1", r"\1", s))
```

A. `re`モジュールは、正規表現で文字列の処理を行える
B. `re.sub`は、特定のパターンを変換する関数である
C. 出力は、`tic tac toe`になる
D. `print(s.replace("tac ", ""))`と同じ出力になる

➡ P207

☐ **37.** 次のコードを`-m unittest`を付けて実行し、以下の実行結果が表示されるとき、空欄①に入る記述として正しいものを選択してください。(1つ選択)

```
import unittest

class TestApp(unittest.TestCase):
    def test_one(self):
        actual = "Sunday"
        expected = "Monday"
        [ ① ]
```

【実行結果】

```
(略)
AssertionError: 'Sunday' != 'Monday'
- Sunday
+ Monday
(略)
```

A. `self.assert(actual == expected)`
B. `self.assertEqual(actual, expected)`
C. `self.assertEqual(actual == expected)`
D. `assert actual == expected`

➡ P209

38. 次のコードを実行して、期待する結果が表示されるとき、空欄①に入る記述として正しいものを選択してください。(1つ選択)

```
text = [f"{i} sheep jumped a fence." for i in range(1, 4)]

  ①
```

【期待する結果】

```
1 sheep jumped a fence.,
2 sheep jumped a fence.,
3 sheep jumped a fence.
```

A.
```
import textwrap

print(textwrap.fill(", ".join(text), width=24))
```

B.
```
print(text)
```

C.
```
import pprint

pprint.pprint(text)
```

D.
```
print("\n".join(text))
```

➡ P210

39. 仮想環境の特徴として誤っているものを選択してください。(1つ選択)

A. 仮想環境をアクティベートすると、プロンプトが変わる
B. 仮想環境が複数あるとき、異なるバージョンのパッケージをそれぞれの仮想環境にインストールできる
C. ある仮想環境のパッケージのバージョンを変更すると、別の仮想環境に影響する
D. 仮想環境が複数あるとき、Pythonの異なるバージョンを指定できる

➡ P210

☐ **40.** 対話モードでの入力履歴はファイルに保存されます。このファイルの名称として正しいものを選択してください。（1つ選択）

A. .command_history
B. .python_history
C. command_history
D. python_history

➡ P210

第13章　総仕上げ問題
解　答

1. C ➡ P170

Pythonの特徴に関する問題です。
Pythonはコンパイルが不要な「インタープリタ言語」です（C）。
インタープリタ言語では、実行時にソースコードをコンピュータが実行できる形式へと逐次解釈しながら処理を進めます。

Pythonでは、変数や引数のデータ型を宣言することなく使えます（B）。プログラミング言語の中には、どのようなデータが代入される変数や引数であるかを宣言することが必要なものもあります。

【第1章】

2. B ➡ P170

対話モードの特徴に関する問題です。
対話モードの一次プロンプトは>>>で表されます（B）。
一次プロンプトは、バージョン番号とヘルプ、著作権情報を表示するためのコマンドの後に表示されます（A）。
複数行の構文を入力すると、二次プロンプト「...」が表示されます（C）。このとき、インデントは自動で挿入されません（D）。

【対話モード起動時の表示例（Linuxの場合）】

```
Python 3.10.9 (main, Jan 23 2023, 22:32:48) [GCC 10.2.1] on linux
Type "help", "copyright", "credits" or "license" for more information.
>>> ⬅ 一次プロンプト
```

【第1章】

3. C ➡ P170

if文の条件評価に関する問題です。
設問では3番目、4番目の条件が、変数piに代入されている値に当てはまります。条件分岐は上から順番に評価されるため、3番目の「pi > 3」に書かれた処理が実行されます。そのため、「piは3より大きい」と表示されるのが正しい実行結果になります（C）。

【第1章】

4. D

➡ P171

多重代入に関する問題です。
設問のソースコードの3行目では、多重代入を利用して、変数xと変数yの値を入れ替えています。変数xには"one"が、変数yには"two"が代入されており、それらを入れ替えるため「x: "two" y: "one"」が表示されます（D）。

【第1章】

5. C

➡ P171

算術演算の順序に関する問題です。
設問のコードでは、最初に3**2を計算します。次に6 // 4を計算しますが、//は切り下げ除算で剰余を捨てた整数値になるため、1になります。
以上から、式全体は9 + 1となり、実行結果は10になります（C）。

【第2章】

6. D

➡ P172

f文字列とフォーマット指定子を使った値のフォーマットに関する問題です。
設問では、タウ（円周率の2倍）の値をmath.tauで求めています。表示する桁数は小数第3位で丸める必要があります。

フォーマット指定子によるオプションでは、小数のフォーマットを用いて桁数を指定できます。指定子の.3fは小数第3位で丸めて表示することを意味します。以上のことから、math.tau:.3fが正解です（D）。

【第2章】

7. D

➡ P172

リストに関する問題です。
リストは、Pythonで複数の値を扱うための基本的なデータ構造です。

【リストのインデックス】

```
インデックス →
         0   1   2   3   4
data = [1, 2, 3, 4, 5]
        -5  -4  -3  -2  -1
                    ← 負数のインデックス
```

リストは角括弧「[ ]」とカンマ「,」を使って記述します（A）。インデックスで要素の参照と更新を行います（C）。先頭のインデックスは0を使用します（B）。末尾のインデックスは「要素数-1」ですが、-1も末尾のインデックスとして使用できます（D）。

【第3章】

8. D

➡ P172

リストのスライスに関する問題です。
リストのスライス範囲は、「**開始位置:終了位置**」のように記述します。**開始位置**を省略すると先頭からになり、**終了位置**を省略すると末尾までになります。

【リストのスライス操作】

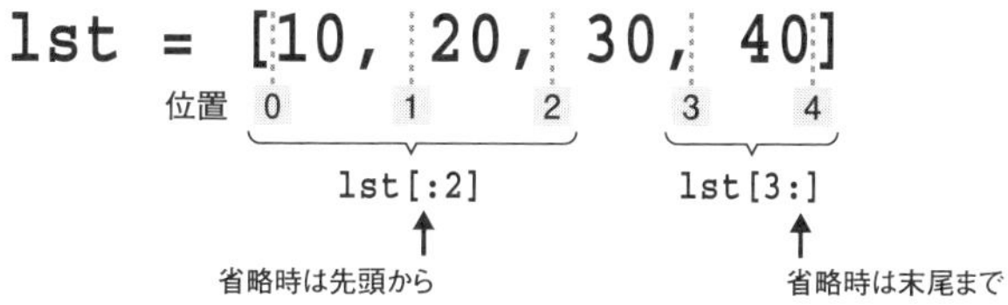

```
lst = [10, 20, 30, 40]
```

位置 0 1 2 3 4

lst[:2] lst[3:]

省略時は先頭から　省略時は末尾まで

print(lst[3:], lst[:2])では、リストの要素を参照して、lst[3:]とlst[:2]の値を抽出します。lst[3:]は図のように範囲を切り取るため[40]になります。lst[:2]は、図のように切り取るため[10, 20]になります。以上のことから、[40] [10, 20]と出力されます（D）。

【第3章】

9. B

➡ P173

Pythonのコーディングスタイルに関する問題です。
Pythonには、推奨されるコーディング上の規則を示したガイドラインが用意されています。このガイドラインは、通称「PEP 8」と呼ばれています。

PEP 8では、以下のコーディングスタイルが推奨されています。

・インデントには空白4つを使い、タブは使わないこと（A、C）
・コメントは、可能であれば独立した行に書くこと（D）
・ソースコードの幅は、79文字を超えないように折り返すこと（B）

【第1章】

10. C

➡ P173

if文とand、orに関する問題です。
設問のコードでは、4つの数字を次の3通りに分類しています。

- 15の倍数
- 3か5の倍数
- 3の倍数でも5の倍数でもない

最初の「15の倍数」という分類は、2行目のコード「if i % 3 == 0 [①] i % 5 == 0:」の内容を示したものです。前半部分の「i % 3 == 0」は「3で割った余りが0」を意味し、これは3の倍数を表します。同様に、後半部分の「i % 5 == 0」は5の倍数を表します。
「15の倍数」は「3の倍数、かつ、5の倍数」なので、2行目のコードは次のように記述します（①）。andとorを間違えると期待した結果になりません（A、B）。

```
i % 3 == 0 and i % 5 == 0  ⬅①
```

2番目の「3か5の倍数」は「3の倍数、または、5の倍数」なので、4行目のコードは次のように記述します（②）。orの代わりにandは書けません（A、B）。

```
i % 3 == 0 or i % 5 == 0  ⬅②
```

3番目の「3の倍数でも5の倍数でもない」は、1番目でも2番目でもないということです。つまり、これまでのifとelif以外のすべてにあたります。この場合はelseを使います（③）。elseの代わりにnotは書けません（B、D）。

以上から、選択肢**C**が正解です。

【第4章】

11. B

➡ P174

range()関数に関する問題です。
range()関数は、整数を繰り返すオブジェクトを返す関数です。range(start, stop, step)のように記述すると、startから始まり、stopの直前まで、stepごとに整数を順番に取得できます。
range(1, 7, 2)は[1, 3, 5]と同じ内容です。したがって、forは3回繰り返します（**B**）。

【第4章】

12. B

➡ P174

forループ処理の終了方法に関する問題です。
設問のコードを見ていきましょう。

例 設問のforループ処理

```
for ch in "Apple":
    if ch == "p":
        ①
```

1行目のfor文を終了した後で、pと出力されるためには、chが"p"のときにループを終了する必要があります。forを直ちに終了するのは、breakです(B)。
continueは、現在のループを中止し、次のループに進みます。ループは最後まで繰り返すため、chは"e"になります（D)。

【第4章】

13. C

➡ P175

関数内で扱う変数についての問題です。
関数内での変数への代入は、すべてその関数のローカル変数として扱われます（B)。関数の外側で定義されたグローバル変数に値を代入するには、global文を使います（A)。
関数内で定義されている変数は、関数の外側では参照できません（D)。

関数の内部では、関数の外側で定義したグローバル変数には値を直接代入できません（C)。
関数の内側と外側では、変数の有効範囲が異なります。同名の変数が関数の内側と外側で定義されていても、それぞれ別の変数として扱われます。

【第5章】

14. D

➡ P175

キーワード引数を使った関数の呼び出しに関する問題です。
キーワード引数の後に位置引数は与えられません（A)。また、指定済みの引数に対して、キーワード引数による再指定はできません（B)。
指定したキーワード引数が存在しない場合は、TypeErrorが発生します（C)。

位置引数の後にキーワード引数を与えるのが正しい方法です（D)。

【第5章】

15. B

➡ P176

引数のデフォルト値に関する問題です。
引数のデフォルト値は、関数が定義された時点で評価され、関数の実行時に再評価は行われません。設問のコードで確認しましょう。

例 設問のコード

```
default_name = "Taro"

def hello1(name=default_name):
    return f"Hello {name}."

def hello2(name=None):
    if name is None:
        name = default_name
    return f"Hello {name}."


default_name = "Hanako"
print(hello1(), hello2())
```

hello1()関数の定義時点でname引数のデフォルト値は"Taro"になります。この後で、グローバル変数のdefault_nameを変更してもそれは変わりません。したがって、hello1()は「Hello Taro.」です。
一方、hello2()ではname引数が最初にデフォルト値のNoneになります。その後、name = default_nameを実行します。このdefault_nameはグローバル変数なので、呼び出し時の値が使われます。したがって、hello2()は「Hello Hanako.」です。

以上のことから、出力は以下のようになります（B）。

【出力結果】

```
Hello Taro. Hello Hanako.
```

【第5章】

16. B

➡ P177

リストやタプルとして与えられた引数に関する問題です。
リストおよびタプルは、*を先頭に付けることで、要素を位置引数に展開して関数に渡せます。
また、ディクショナリは**を先頭に付けることで、キーワード引数として指定できます（B）。

【第5章】

17. D

➡ P177

lambda（ラムダ）式に関する問題です。
lambda式は「lambda 引数: 式」という書き方をし、式の結果が返り値になります。設問のlambda式は、引数a, bを取り、(b*3, a+2)というタプル（式）を返します。
したがって、コードの実行結果は「18 7」となります（D）。

【第5章】

18. C

➡ P178

リストをスタックとして使う方法についての問題です。
スタックの処理では、要素を挿入すると末尾に追加され、取り出すときも末尾から削除されます。リストをスタックとして扱うには、追加・削除の処理としてappend(要素)とpop()だけを使います。スタックから要素を取り出し、別のスタックに挿入すると順序が逆になります。

下記のコードの処理を確認しましょう。

例 スタックによるデータの削除と追加

```
while data:
    result.append(data.pop())
```

data.pop()はdataの最後の要素を削除し、result.append(...)はその要素をresultの最後に追加します。これを4回実行するとdataが空になり、while文を抜けて終了し、resultは[4, 3, 2, 1]になります（C）。

【設問のコードの処理】

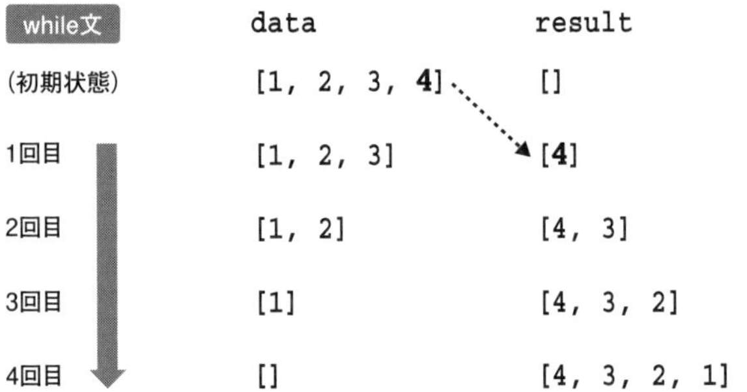

【第3章】

19. D

➡ P178

リストの入れ子に関する問題です。
図のようにリストの要素として「別のリスト」を持つことを、入れ子にするといいます。リストの入れ子は、ネストと呼ばれることもあります。

【ネストの構造】

要素[1, 2]と要素[3, 4]を持つリストは、下記のように記述します（D）。

例 ネストの作成①

```
[[1, 2], [3, 4]]
```

このリストの要素は2個なので、長さは2になります（C）。

例 ネストの作成②

```
[[1, 2, 3, 4]]
```

このリストの要素は1個で、その要素は[1, 2, 3, 4]です。したがって、リストの長さは1になります（B）。

リストは、任意のオブジェクトを持てるため、[[1, 2], [3, 4, 5, 6]]のように異なる長さのリストを要素にして作成できます(A)。

【第3章】

20. B ➡ P179

短絡演算子としてのand、orに関する問題です。
設問のように、andがずっと続く場合や、orがずっと続く場合は、次のように計算します。

● **andがずっと続く場合**
左から評価していき、「最初に偽」になった評価結果が最終結果になり、そこで評価を止めます。すべて真の場合は、最後の評価結果が最終結果になります。

● **orがずっと続く場合**
左から評価していき、「最初に真」になった評価結果が最終結果になり、そこで評価を止めます。すべて偽の場合は、最後の評価結果が最終結果になります。

設問のコードの3行目と4行目を確認しましょう。

例 andが続く場合

```
result1 = value(0) and value(1) and value(2)
```

value(整数)を評価すると、引数の整数を返します。その整数の真偽の判定は、0が偽、それ以外が真です。
左から計算するので、まずvalue(0)を評価し0になります。0は偽なのでそこで評価をやめて、result1は0になります。value(1)とvalue(2)の関数は呼ばれません。

例 orが続く場合

```
result2 = value(0) or value(1) or value(2)
```

まずvalue(0)を評価し0になります。0は偽なので次にvalue(1)を評価し1になります。1は真なのでそこで評価をやめて、result2は1になります(B)。value(2)の関数は呼ばれません。

【第4章】

21. B　➡ P179

zip()関数に関する問題です。
zip()関数を使うと、複数の反復可能体から並列で要素を取得できます。設問では、次のような2つのリストを作成し、要素を順に取得しています。

例　複数のリストから要素を取得する

```
for i, j in zip([1, 10, 100], [1, 2, 3]):
    print(i * j)
```

forループの中で、iとjは、順に「1と1」「10と2」「100と3」になります。2つの数字を掛けた出力結果は「1」「20」「300」となります（**B**）。

【第4章】

22. D　➡ P180

タプルに関する問題です。
一般的なタプルの定義は、カンマ区切りの要素を丸括弧「()」で囲むことです（A、B）。ただし、実際には、タプルを構成するのは、()ではなくカンマ「,」です。そのため、要素をカンマ区切りにするだけでタプルを定義できます。要素が1つであっても、末尾にカンマを書くことでタプルとして定義できます（**D**）。

tuple()関数を使って定義する場合、その引数はリストなどの反復可能体である必要があるため、sample_tuple = tuple(["spam", "ham", "eggs"])のように「[]」で囲む必要があります（C）。

【第6章】

23. A　➡ P180

setの性質に関する問題です。
setでは、要素を重複しないように保持します（D）。また、2つのset同士で、和集合や差集合といった集合演算を行えます（B）。
setに要素を追加する場合はadd()メソッドを用います（C）。リストに要素を追加するappend()メソッドと混同しないようにしましょう。
setでは、追加した要素の順序は保持されません（**A**）。

例 リストに要素を追加する

```
sample_list = []
# リストでは要素の順序が保持されるため
# ["spam", "ham"]という並びが常に維持される
sample_list.append("spam")
sample_list.append("ham")
```

例 setに要素を追加する

```
sample_set = set()
# setでは、要素の順序は追加した順になるとは限らない
sample_set.add("spam")
sample_set.add("ham")
```

【第6章】

24. D

➡ P180

ディクショナリの要素に関する問題です。
ディクショナリに要素を追加するには、price["blue"] = 230のようにキーと値を指定します。既に存在しているキーの値を変更する場合も、同じ方法で指定します。既に存在している要素の削除には、del文を使用します。

以上のことから、設問のコードの実行結果は、{'green': 240, 'blue': 230, 'orange': 120}となります（D）。

【第6章】

25. B

➡ P181

モジュールの属性__name__に関する問題です。
メインモジュールとして実行されたか、別のコードから読み込まれたかを判定するには「if __name__ == "__main__":」を記述します（B）。これにより、モジュールを直接実行したときのみ、その実行結果が表示されます。

【第7章】

26. C

➡ P181

相対インポートに関する問題です。
設問のディレクトリ構成において、サブモジュールload.pyは、my_app/save/__init__.pyの1つ上の階層にあります。

【設問のディレクトリ構成】

```
my_app/
    __init__.py
    load.py
    save/
        __init__.py ← このファイルの内容を考える
```

1つ上の階層から別のサブモジュールの名前をインポートするには、ドット2つ（..）を使って、次のように記述します。

書式 1つ上のサブモジュールから名前をインポートする

```
from ..1つ上のサブモジュール名 import 名前
```

名前として*も使えるため、「from ..load import *」が正しい記述になります（C）。

【第7章】

27. B

➡ P182

open()関数のmode引数に関する問題です。
テキストモードで読み書きするには、"r+"を使います（A）。
バイナリモードで新規に書き込むには、"wb"を使います（D）。
バイナリモードで追加で書き込むには、"ab"を使います（C）。
バイナリモードで読み込むには、"rb"を使います。このとき、"b"だけの指定はできません（B）。

【第8章】

28. A

➡ P182

構文エラーに関する問題です。
設問のコードには、for文の文法として必要なinの記述が抜けています。このように文法として正しくないコードを実行すると、構文エラー（SyntaxError）になります（A）。

【第4章、第9章】

29. C

➡ P183

例外処理に関する問題です。
except節で複数の例外を処理するには、()の中に例外をすべて列挙します。ここでは、(ValueError, ZeroDivisionError)と書きます（C）。int(times)で整数に変換できない値のときはValueErrorが発生し、数値の割り算でゼロ除算が起きるときはZeroDivisionErrorが発生します。

【第9章】

30. B

➡ P183

例外を送出する方法に関する問題です。
raise文を使うことで、任意の例外を発生させられます（B）。
設問のコードを実行すると、raise文によってValueErrorが送出されます。

例 ValueErrorを送出する

```
raise ValueError("ValueErrorです")
```

【第9章】

31. A

➡ P184

例外処理でのクリーンアップ動作に関する問題です。
設問のコードは以下のように動作します。

例 設問のコード

```
def divide(number, divider):
    try:
        answer = number / divider  ← ②
        return answer
    except ZeroDivisionError:                 } ③
        print("ゼロ除算が行われました")        }
    except TypeError:
        print("引数の型が不正です")
    finally:                                  } ④⑤
        print("--finally節の処理--")          }


answer = divide(50.0, 0)  ← ①
print(f"結果: {answer}")  ← ⑥
```

①divide()関数に引数として50.0と0を与える
②ゼロ除算になるため、answer = number / dividerでZeroDivisionErrorが発生
③1つ目のexcept節でZeroDivisionErrorが捕捉され「ゼロ除算が行われました」が表示される
④finally節に定義された「--finally節の処理--」が表示される
⑤finally節以降にはreturn文が定義されていないため、返り値はNoneとなる
⑥「結果: None」が表示される

したがって、実行結果は以下のようになります（**A**）。

【実行結果】

```
ゼロ除算が行われました
--finally節の処理--
結果: None
```

【第9章】

32. C

➡ P185

クラス定義に関する問題です。
クラスを構成する要素には、クラス変数、インスタンス変数、メソッドがあります。設問のコードで確認しましょう。

例 クラス定義

```
class Duck:
    # クラス変数の定義
    family = "Anatidae" ⬅①

    def __init__(self): ⬅②
        # インスタンス変数の定義
        self.birdsong = "quack" ⬅③

    # メソッドの定義
    def show_family(self): ⬅④
        return f"The duck belongs to the {self.family} family." ⬅⑤
```

クラス変数はクラスの直下に定義します。通常の変数のように「変数名 = 値」の書式で定義します（①）。

インスタンス変数は、__init__()メソッドの中で定義します。__init__()メソッドにはselfという引数を与えます（②）。インスタンス変数は「self.変数名 = 値」の書式で定義します（③）。

メソッドの定義の仕方は関数と同じですが、第1引数にselfを与えます（④）。メソッド内でクラス変数を参照する場合は、self.を付ける必要があります（⑤）。

以上から、選択肢Cが正解です。

【第10章】

33. C

➡ P186

インスタンス変数の参照と変更に関する問題です。
メソッド内にインスタンス変数と同名の変数がある場合、それらは別の変数として扱われます。設問のコードでは、sing()メソッド内のローカル変数birdsongとインスタンス変数birdsongは異なります。
メソッド内でインスタンス変数を参照、変更する場合は、変数名の先頭にself.を付ける必要があります。

以上を踏まえて、設問のコードとその出力を確認してみましょう。

例 設問のコード

```
class Duck:
    def __init__(self):
        self.birdsong = "quack"

    def sing(self):
        [ ① ]
        print(birdsong)         ← "ga-ga-"を出力
        print(self.birdsong)    ← "quack"を出力
        [ ② ]
        print(self.birdsong)    ← "coin"を出力
        print(birdsong)         ← "ga-ga-"を出力
```

【実行結果】

```
ga-ga-
quack
coin
ga-ga-
```

4つの実行結果は、設問のコードに含まれるprint()関数の出力になります。最初のprint(birdsong)が出力しているのは「ga-ga-」のため、①のコードはbirdsong = ga-ga-だとわかります。
また、print(self.birdsong)の実行結果が「quack」から「coin」に変わっているため、インスタンス変数の値が更新されたとわかります。したがって、②のコードは、self.birdsong = coinになります。

以上から、選択肢Cが正解です。

【第10章】

34. C

➡ P187

ワイルドカード表記によるファイル一覧の取得に関する問題です。
glob.glob(パターン)で、ファイル名がパターンにマッチするファイルの一覧を取得できます。パターンが"*.txt"であれば、カレントディレクトリの拡張子が.txtのファイルのリストを取得します（C）。

glob.findall()というメソッドは存在しないので、実行するとAttributeErrorになります（B、D）。

【第11章】

35. D

➡ P187

argparseモジュールに関する問題です。
設問では、ファイルmain.pyを作成し、このファイルを、python main.py --command=show tokyo osakaのように実行しています。

【main.py】

```
import argparse

parser = argparse.ArgumentParser()
parser.add_argument("--command")
parser.add_argument("target", nargs="+")
args = parser.parse_args()
print(args)
```

コードでは、parserという名前でパーサ（構文解釈器）のオブジェクトを作成し、これにadd_argument()メソッドで、2種類の引数の情報を追加しています。追加後は、実行時に2種類の引数（commandとtarget）が必要になります。1つは--command=値で、もう1つは1個以上の任意形式の引数です。nargs="+"が「1個以上」の指定です。
parse_args()メソッドを使うことで、引数の情報を取得できます。この情報を出力すると、2種類の引数の値を下記のように確認できます（D）。

【実行結果】

```
Namespace(command='show', target=['tokyo', 'osaka'])
```

--command=showの指定がcommand='show'になり、tokyo osakaの指定がtarget=['tokyo', 'osaka']になっています。

【引数と実行結果の対応関係】

コマンド	python main.py --command=show tokyo osaka
実行結果	Namespace(command='show', body=['tokyo', 'osaka'])

【第11章】

36. D

➡ P188

文字列のパターンマッチングに関する問題です。
reモジュールには、正規表現を扱う関数が含まれています（A）。re.sub(パターン, 置換文字列, 対象文字列)を使うと、対象文字列内で特定のパターンにマッチする部分を、置換文字列に変換できます（B）。

パターンの指定では、特殊文字を使った正規表現が用いられます。設問のコードで使われている特殊文字は、以下のとおりです。

【特殊文字】

特殊文字	意味
( )	括弧内をグループ化
[a-z]	小文字のアルファベット1文字
+	直前の文字の1回以上の繰り返し
\1	1番目のグループ

以上を踏まえて、設問のコードを確認してみましょう。

例 正規表現による文字列の置換

```
s = "tic tac tac toe"
print(re.sub(r"([a-z]+) \1", r"\1", s))
```

パターン"([a-z]+)"は、小文字のアルファベット1文字以上にマッチし、マッチした文字列を1番目のグループとします（下図を参照）。
また、r"\1"は1番目のグループと同じ文字列にマッチします（rの意味は後述）。このことから、r"([a-z]+) \1"は、「小文字のアルファベット1文字以上」「空白1文字」「1番目のグループと同じ文字列」にマッチします。設問ではtac tacにマッチします。1番目のグループがtacです。

【正規表現によるパターンマッチング】

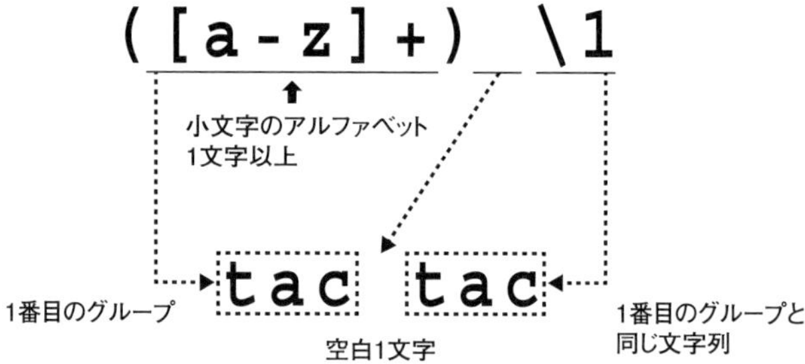

置換文字列はr"\1"なので、tacに対応します。tac tacをtacに置換するので、結果はtic tac toeになります（C）。

下記に示す選択肢Dのコードは、文字列s中に2回現れる"tac "を削除（空文字列に変換）して出力します。結果はtic toeになり、tic tac toeではありません（D）。

```
print(s.replace("tac ", ""))
```

下記のように、第3引数で変換回数を1回にすると、tic tac toeになります。

```
print(s.replace("tac ", "", 1))
```

r"\1"は、「\（バックスラッシュ）」と「1」の2文字を表します。
文字列中の\はエスケープシーケンスを意味しますが、rを付けると
バックスラッシュそのものになります。
正規表現のチュートリアルとしては下記が参考になります。

- **正規表現 HOWTO 日本語版ドキュメント**
  https://docs.python.org/ja/3/howto/regex.html

37. B

➡ P188

単体テストに関する問題です。
unittestモジュールを使うと、関数やメソッドの単体テストを実行できます。一般的に、unittestによる単体テストでは、テスト対象のモジュールとは別に、以下のようなテスト実行側の.pyファイルが必要になります。

例 unittestで単体テストを行う

```
import unittest

class TestApp(unittest.TestCase):
    def test_one(self):
        actual = ... # テスト対象の実行結果
        expected = ... # 期待する結果
        self.assertEqual(actual, expected)  ⬅ 結果が同じことを確認
```

テスト対象の実行結果が期待する結果になっているかを確認するには、上記のようにself.assertEqual()を使います（B）。
self.assertEqual()では、第1引数に「テスト対象の実行結果」を、第2引数に「期待する結果」を指定します。したがって、self.assertEqual(actual == expected)のようには書けません（C）。
self.assertEqualの代わりにassertも使えますが、その場合は差異を確認できません（D）。
また、assertはPythonのキーワードなので、self.assertと書くと構文エラーになります（A）。

【第11章】

38. A

➡ P189

出力データの整形に関する問題です。
設問の出力では、文字列のリストを要素ごとに改行しています。
textwrapモジュールのfill()関数を使うと、widthで指定した幅に収まるように整形します。設問のコードでは「,」の後で改行されます（A）。

【選択肢Aの出力結果】

```
1 sheep jumped a fence.,  ⬅ 「,」の後で改行
2 sheep jumped a fence.,
3 sheep jumped a fence.
```

これに対し、print()関数やpprintモジュールのpprint()関数は、リストを対象にするため角括弧を付けて出力します（B、C）。また、print("\n".join(text))では「,」が出力されません（D）。

【第11章】

39. C

➡ P189

仮想環境についての問題です。
使用するPythonのバージョンは、仮想環境ごとに指定できます。OSに複数バージョンのPythonがインストール済みなら、仮想環境の作成時にPythonのバージョンを指定できます（D）。

使用する外部パッケージの種類とバージョンも選択できます（B）。このとき、1つの仮想環境でパッケージのバージョンを変更しても、別の仮想環境のバージョンは変更されません（C）。

仮想環境はアクティベート（有効化）して使います。アクティベート後は、シェルのプロンプトが変更されます（A）。

【第12章】

40. B

➡ P190

Pythonが自動的に作成するファイルの名称に関する問題です。
対話モードでの入力履歴は、デフォルトでは.python_historyという名称で保存されます（B）。
この.python_historyの内容は、対話モードでカーソルキーの上下を押すことによって入力履歴として表示されます。

【第1章】

索引

記号

A

B

C

D

E

F

G

I

J

K

L

M

N

O

P

Q

R

S

T

U

V

■著者
斎藤 努（さいとう・つとむ）

●株式会社ビープラウド所属
長年、組合せ最適化を使った意思決定の支援や開発案件に従事。
また、オンライン学習サービスのPyQ®や研修などの教育事業の活動をしている。
著書：『今日から使える!組合せ最適化』（2015年 講談社）、『モデリングの諸相』（2016年 近代科学社）、『Python言語によるビジネスアナリティクス』（2016年 近代科学社）、『データ分析ライブラリーを用いた最適化モデルの作り方』（2018年 近代科学社）
技術士（情報工学）

横山 直敬（よこやま・なおたか）

●株式会社ビープラウド所属
2017年より株式会社ビープラウドに所属し、Webアプリケーション開発、研修講師サポートに携わっている。
また、Pythonコミュニティー活動としてPyCon JP 2017〜2019にスタッフとして参加。
著書：『Pythonでチャレンジするプログラミング入門 ——もう挫折しない！10の壁を越えてプログラマーになろう』（2023年 技術評論社）

清水川 貴之（しみずかわ・たかゆき）

●株式会社ビープラウド所属
2003年からPythonを使い始め、その頃からオープンソースに関わりコミュニティー活動を始めた。
現在はPython関連イベント運営のかたわら、カンファレンスや書籍、OSS開発を通じてPython技術情報を発信している。
現職ではWebアプリケーション開発、Python関連書籍の執筆、研修講師を行っている。
著書／訳書：『独学コンピューターサイエンティスト』（2022年 日経BP）、『Sphinxをはじめよう 第3版』（2022年 オライリー・ジャパン）、『エキスパートPythonプログラミング 改訂3版』（2021年 アスキードワンゴ）、『自走プログラマー』（2020年 技術評論社）、『独学プログラマー』（2018年 日経BP）等。

STAFF

編集	坂本 雄希郎・水橋 明美（株式会社ソキウス・ジャパン）
	畑中 二四
校正	株式会社トップスタジオ
制作	株式会社トップスタジオ
表紙デザイン	馬見塚意匠室
	阿部 修（G-Co.Inc）
編集長	玉巻 秀雄

■商品に関する問い合わせ先

このたびは弊社商品をご購入いただきありがとうございます。本書の内容などに関するお問い合わせは、下記のURLまたは二次元バーコードにある問い合わせフォームからお送りください。

https://book.impress.co.jp/info/

上記フォームがご利用いただけない場合のメールでの問い合わせ先
info@impress.co.jp

※お問い合わせの際は、書名、ISBN、お名前、お電話番号、メールアドレス に加えて、「該当するページ」と「具体的なご質問内容」「お使いの動作環境」を必ずご明記ください。なお、本書の範囲を超えるご質問にはお答えできないのでご了承ください。

- ●電話やFAX でのご質問には対応しておりません。また、封書でのお問い合わせは回答までに日数をいただく場合があります。あらかじめご了承ください。
- ●インプレスブックスの本書情報ページ https://book.impress.co.jp/books/1122101079 では、本書のサポート情報や正誤表・訂正情報などを提供しています。あわせてご確認ください。
- ●本書の奥付に記載されている初版発行日から3 年が経過した場合、もしくは本書で紹介している製品やサービスについて提供会社によるサポートが終了した場合はご質問にお答えできない場合があります。

■落丁・乱丁本などの問い合わせ先

FAX　03-6837-5023
service@impress.co.jp
※古書店で購入された商品はお取り替えできません。

徹底攻略Python 3 エンジニア認定［基礎試験］問題集

2023年3月11日 初版発行
2024年4月11日 第1版第4刷発行

著　者　株式会社ビープラウド
監　修　一般社団法人Pythonエンジニア育成推進協会
編　者　株式会社ソキウス・ジャパン
発行人　小川 亨
編集人　高橋 隆志
発行所　株式会社インプレス
〒101-0051　東京都千代田区神田神保町一丁目105番地
ホームページ　https://book.impress.co.jp/

印刷所　日経印刷株式会社

ISBN978-4-295-01605-2 C3055

Printed in Japan